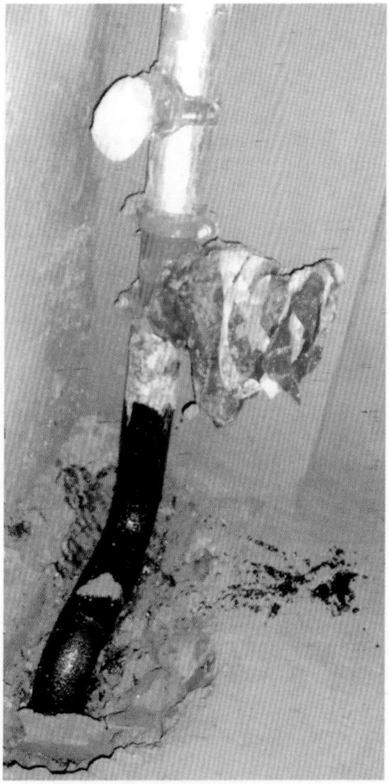

图1 管径≤100的镀锌钢管应采用丝接连接，不应焊接连接

图2 出屋面防水钢套管靠女儿墙过近，破坏下方滴水线

图3 室内排水立管穿楼板位置与预埋洞口位置严重偏离

图4 室内排水立管穿楼板位置与预埋洞口位置严重偏离

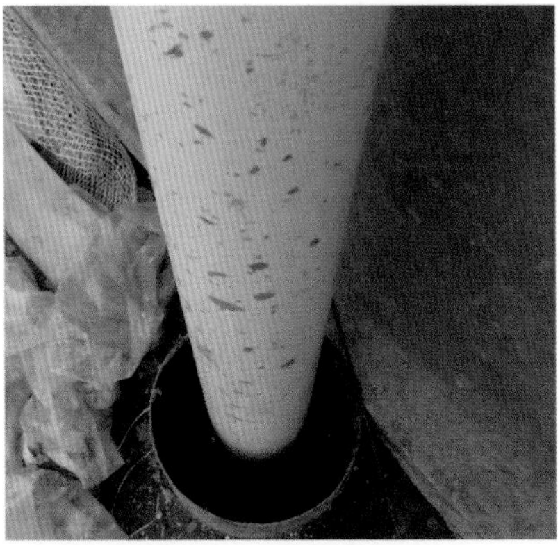

图5　出屋面防水钢套管管径过大，防水封堵较困难

图6　出屋面防水钢套管与排水管严重偏心，且套管过大

图7　任意破坏底盒穿管

图8　暗配电线管进箱未加锁扣

图9　暗配电线管进盒未加锁扣

图10　成品保护意识差，烧坏预埋的电线管

图11　生命在于平衡，安全意识差

图12　不按规定装卸货物，将重物压在预埋电线管上

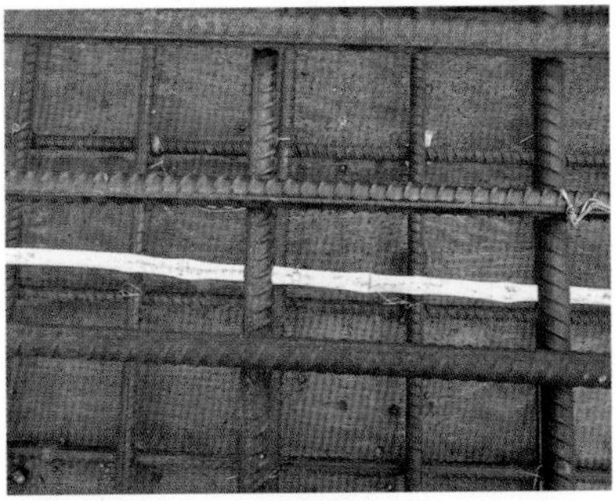

图13　已被压扁的电线管

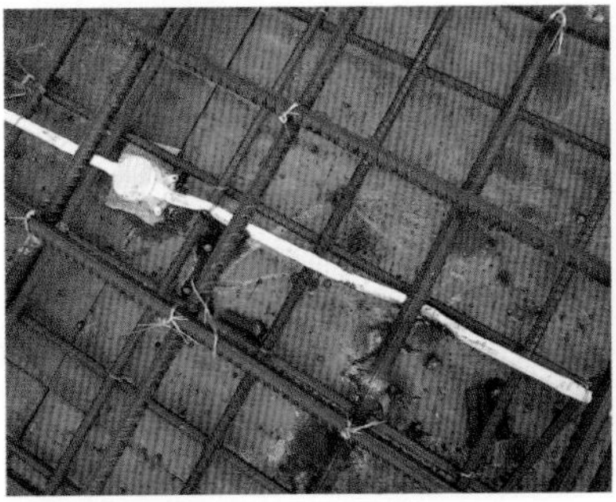

图14　焊接钢筋时烧坏电线管

图15　电气竖井内插接母线槽被污染

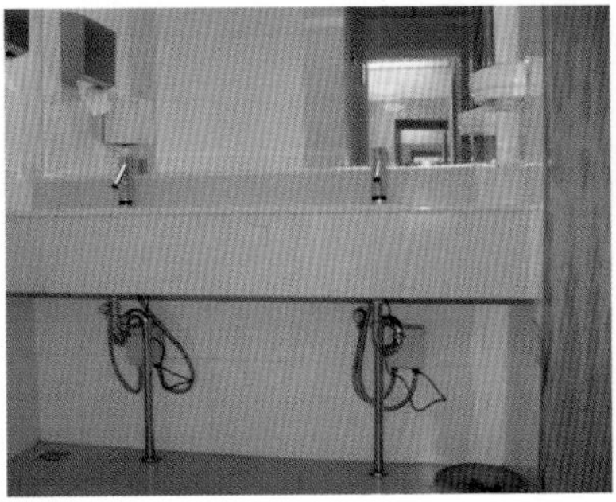

图16　洗手盆台子下方进水配件不规整

图17　焊接钢管及管子吊架事前未进行除锈和防腐处理

图18　外墙石材型钢挡住排风口

图19　吊顶窗帘盒侧板挡住风口

图20　进水阀门安装过深，将来难于检修维护

图21　室外排水管道未走最近距离，中间拐弯过多易形成堵塞

图22　排水管道拐弯应采用两个45度弯头过渡

图23　大量采用90度弯头过渡的错误做法

图24　明显采用90度弯头过渡的错误做法

图25　埋地铸铁排水管未做防腐处理

图26　卫生间用大块建筑废料回填

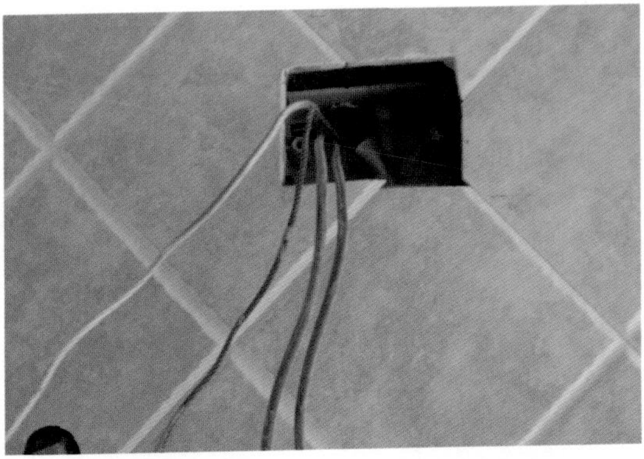

图27　饰面墙砖切口不平齐且与预埋底盒偏离

图28　泵房内严重积水，卫生较差

图29　配电柜安装地面严重积水

图30 PVC-U给水管道安装

图31 装修工程吊顶及灯具安装

图32 柔性铸铁排水管道安装

图33　装修工程吊顶及灯具安装

图34　柔性铸铁排水管道安装

图35　嵌入式筒灯、背景灯的安装

图36　大型会议室吊顶及灯具安装

图37　高位筒灯与吊顶造型

图38 高档装修工程造型

图39　展厅上方吊顶造型

图40　室内消火栓箱安装

图41　动力配电箱及桥架安装

图42　高层建筑变频给水装置

图43　高层建筑变频给水装置

图44 预分支电缆在电气竖井内安装

图45 美标挂斗式小便器安装

图46 美标洗涤池安装

图47 吊顶上方风口、格栅灯盘安装

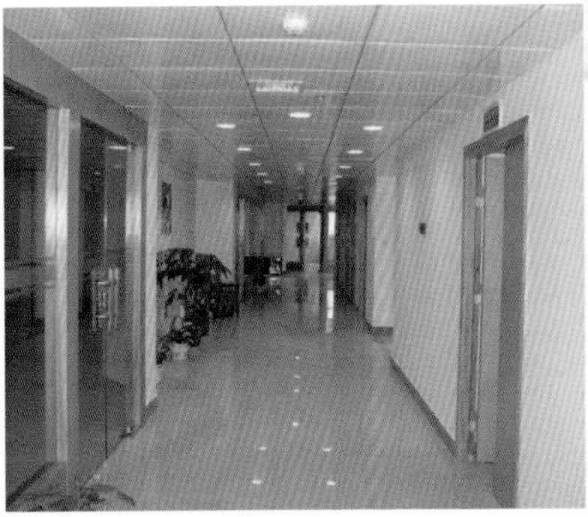

图48 内走廊装修

图49 电梯前室装修

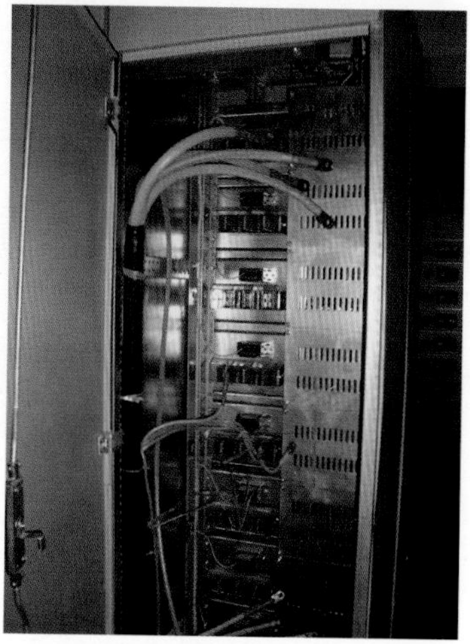

图50 低压馈线柜接线

图51 低压配柜

图52 高压配电柜

图53 消防水泵房

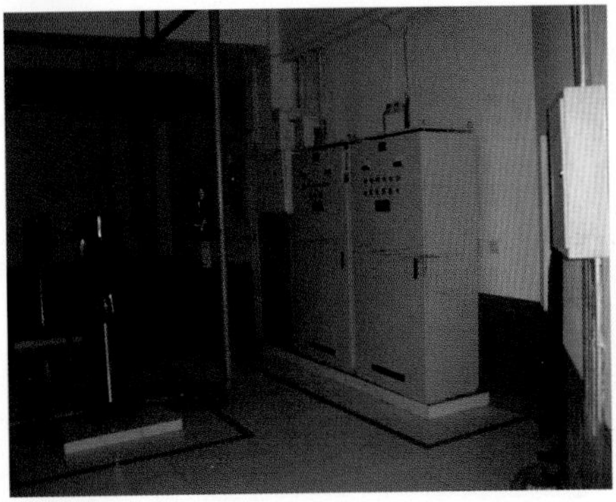

图54 生活水泵房

图55 KBG电线管电气竖井内安装

装修工程

水电安装技术百问

王岑元　主　编
王芝慧　副主编

ZHUANGXIU GONGCHENG
SHUIDIAN ANZHUANG
JISHU BAIWEN

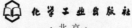

化学工业出版社
·北京·

本书遵照国家现行施工验收规范及技术规程，结合装修工程中水电安装的实际案例，以问答的形式并配以必要的图解，介绍了装修工程水电安装的有关技术和难点。内容深入浅出、通俗易懂、突出实用，针对性强。

本书适合从事装修工程水电安装的工程技术人员使用。也可供家庭进行装修的读者阅读。

图书在版编目（CIP）数据

装修工程水电安装技术百问/王岑元主编. —北京：化学工业出版社，2016.5

ISBN 978-7-122-26479-4

Ⅰ.①装…　Ⅱ.①王…　Ⅲ.①房屋建筑设备-给排水系统-建筑安装-问题解答②房屋建筑设备-电气设备-建筑安装-问题解答　Ⅳ.①TU82-44②TU85-44

中国版本图书馆 CIP 数据核字（2016）第 046915 号

责任编辑：王文峡　　装帧设计：王晓宇
责任校对：边　涛

出版发行：化学工业出版社（北京市东城区青年湖南街 13 号　邮政编码 100011）
印　　装：三河市延风印装有限公司
850mm×1168mm　1/32　印张 4½　彩插：8　字数 84 千字
2016 年 5 月北京第 1 版第 1 次印刷

购书咨询：010-64518888（传真：010-64519686）　售后服务：010-64518899
网　　址：http://www.cip.com.cn
凡购买本书，如有缺损质量问题，本社销售中心负责调换。

定　　价：29.00 元

前言
FOREWORDS

随着我国社会经济的不断发展，人们的物质生活水平不断提高，各类工装和家装工程也不断增多，从事这一行业的装修队伍和人员也迅速发展和壮大，并在我国的国民生产建设中起着十分重要的作用。然而，在目前装修工程水电施工中，仍存在不按规范施工、不重视安装质量的现象。为了满足装修行业和市场发展的实际需要，方便施工者提高装修工程水电安装的技术水平和质量要求，本书从装修工程水电安装的角度出发，以国家现行施工验收规范及技术规程为准，结合装修工程中水电安装的实际案例，以技术问答的形式并配以必要的图解。内容深入浅出、通俗易懂、针对性强，突出实用，适合从事装修工程水电安装的工程技术人员及具有初中以上文化程度的读者阅读。

本书在编写过程中，吸收了建筑安装方面的新技术、新成果，并运用了一些新的国家规范和标准图集。

本书由王岑元任主编，王芝慧任副主编，全书CAD制图及插图由王芝慧负责绘制和编辑。编写过程得到了周功亚、张继有、冯正良、王昌辉、王国诚、李新、程孝鹏、陆平的大力支持，在此表示感谢。

由于水平所限，书中不足之处在所难免，敬请广大读者批评指正。

编者

2016年3月

目 录
CONTENTS

第一章
装修工程室内给排水安装技术

一、室内给水系统及配件安装技术

1. 建筑装修工程中常用的给水管材有哪些?

建筑装修工程中，给水系统的管材、管件其规格、型号及品牌较多，常用的室内给水管材有铸铁管、热镀锌钢管、塑料管、钢塑复合管、铝塑复合管、铜管及不锈钢管等。无论选用哪类管材，其规格、型号及性能检测报告应符合国家相应的技术标准或设计要求，并具有产品质量合格证明文件（合格证）、质量检测报告等。

2. 如何选择装修工程中给水管的承压等级?

装修工程中，给水系统（冷、热水）大多以暗敷方式施工，要求安装易于操作，其给水管管径不宜大于 $dn25$，目前较常用的有硬聚氯乙烯（PVC-U）给水管、无规共聚聚丙烯（PP-R）给水管、铝塑复合给水管和交联聚乙烯（PE-X）给水管。管材公称压力有 1.25MPa、1.6MPa、2.0MPa 和 2.5MPa 等承压等级，装修工程中室内给水管道的系统工作压力一般不大于 0.6MPa，且管径 $dn<50$，因此冷水管选用 1.6MPa，热水管选用 2.0MPa 承压等级的管材已能满足承压要求。

3. 安装硬聚氯乙烯（PVC-U）给水管的施工应注意什么问题?

室内（PVC-U）给水管采用专用胶贴剂粘接连接。安装施工时应注意以下规定。

（1）管道粘接不宜在湿度很大的环境下进行。操作现场应远离火源。

（2）管道与卫生器具金属配件连接时，宜采用嵌铜内丝的注塑管件。

（3）管道穿墙壁、楼板及嵌墙暗装时，宜配合土建预埋套管或开凿墙槽。

（4）管道引出地（楼）面处应设置护套管，护套管顶部宜高出地（楼）面 100mm。

（5）管道穿基础墙处，应预埋套管，管顶与套管内顶净空距离不应小于建筑物的沉降量，且不宜小于 100mm，管道穿越屋面、楼面及地下室时应采取防水措施。

（6）室内地坪以下管道埋设，应在土建工程回填土夯实以后重新开挖进行，不得在回填土之前或未经夯实的土层上埋设。

（7）埋地管道沟底应平整，不得有突出的尖硬物。原土的粒径不宜大于 12mm，必要时可铺 100mm 厚的砂垫层。管道周围的回填土填至管顶以上 300mm 处，经夯实后方可回填原土。室内埋地管道的埋深不宜小于 300mm。

4. 如何正确布置与敷设硬聚氯乙烯（PVC-U）给水管道?

（1）PVC-U 给水管道（图 1 为各种 PVC-U 给水管）室内宜暗装，也可明装，但不得埋设在承重结构内。

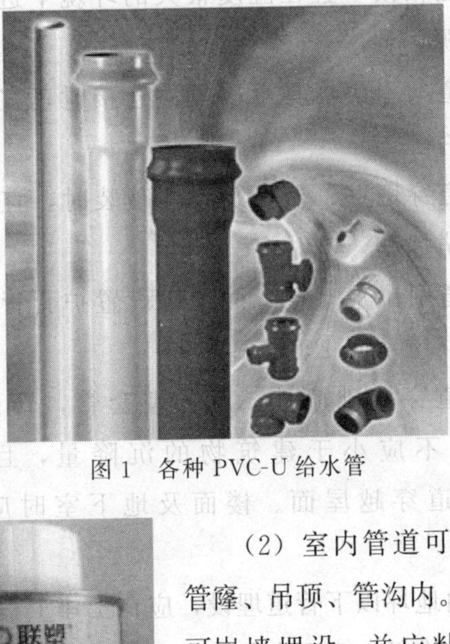

图 1　各种 PVC-U 给水管

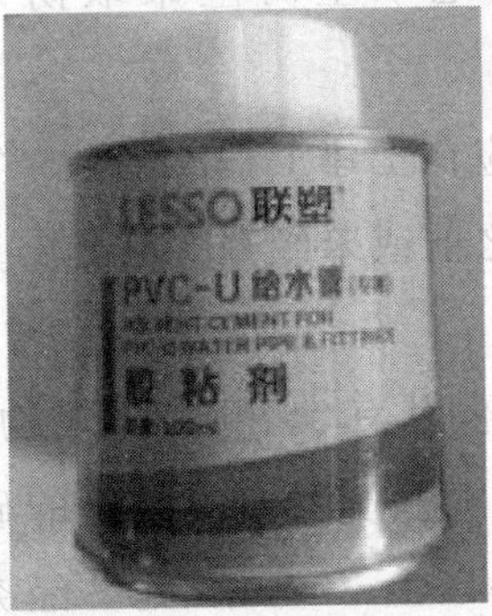

图 2　PVC-U 给水管专用胶水

（2）室内管道可敷设在管井、管窿、吊顶、管沟内。$dn \leqslant 25$ 时也可嵌墙埋设，并应粘接（图 2 为 PVC-U 给水管专用胶水）。

（3）管道明装时，在有可能碰撞、冰冻或阳光直射的场所应采取保护措施。

（4）在以下情况时应采取防

水措施：管道垂直穿越墙、板、梁、柱时应加套管；穿越地下室外墙时应加防水套管；穿楼板和屋面。

（5）与其他管道同沟（架）平行敷设时，宜沿沟（架）边布置；上下平行敷设时，不得敷设在热水管或蒸汽管的上面，且平面位置应错开；与其他管道交叉敷设时，应采取保护措施。

（6）管道距热源应有足够的距离，且不得因热源辐射使管外壁温度高于45℃。立管距灶具边缘净距不得小于400mm，与供暖管道净距不得小于200mm。

（7）室内管道不宜穿越伸缩缝、沉降缝。如必须穿越时，应采取补偿管道伸缩和剪切变形的措施。

（8）水箱（池）的进（出）水管、排污管等，自水箱（池）至阀门的管段应采用金属管。

（9）PVC-U给水管（见图1）不得直接与水加热器或热水机组（器）连接，应采用长度不小于400mm的金属管段过渡。

（10）室内管道暗埋时可不设伸缩补偿装置。

5. 安装无规共聚聚丙烯（PP-R）给水管的施工应注意什么问题?

室内装饰装修中，PP-R管材与管件采用热熔连接，安装施工时应注意以下规定。

（1）管材的截断应采用专用管剪或管子割刀，其截断面应垂直于管材中心线。

（2）采用嵌墙或在地面垫层内埋设管道，其管道应采用热熔连接方式，不得采用螺纹连接或套法兰连接。

（3）管道穿墙壁、楼板、水池壁或嵌墙暗装时，宜配合土建预埋套管、预留孔槽。

（4）在冬季施工时，应注意 PP-R 管道的低温脆性。

（5）管道穿基础墙处应预埋套管，管顶与套管内顶净空距离不应小于建筑物的沉降量，且不宜小于 100mm，管道穿越屋面、楼面及地下室时应采取防水措施。

（6）室内地坪以下管道的埋设，应在土建工程回填土夯实以后重新开挖进行，不得在回填土之前或未经夯实的土层上埋设。

（7）埋地管道沟底应平整，不得有突出的尖硬物。原土的粒径不宜大于 12mm，必要时可铺 100mm 厚的砂垫层。管道周围的回填土填至管顶以上 300mm 处，经夯实后方可回填原土。室内埋地管道的埋深不宜小于 300mm。

6. 如何正确布置与敷设无规共聚聚丙烯（PP-R）给水管道?

（1）管道宜暗装，但不得埋设在承重结构内。

（2）管道可敷设在管井、管窿、吊顶内。管径较小时也可嵌墙或沿垫层埋设，并采用热熔接口。

（3）管道明装时，在有可能碰撞、冰冻或阳光直射的场所应采取保护措施。

（4）管道垂直穿越墙、板、梁、柱时应加套管；穿越地下室外墙时应加防水套管；穿楼板和屋面时应采取防水措施。

(5) 管道应远离热源，立管距热水器或灶具边净距应不小于 400mm；当条件不具备时，应采取隔热保护措施，但净距应不小于 200mm。

(6) 室内管道不宜穿越伸缩缝、沉降缝。如必须穿越时，应采取补偿管道伸缩和剪切变形的措施。

(7) 水箱（池）的进（出）水管，排污管等，自水箱（池）至阀门的管段应采用金属管。

(8) PP-R 不得直接与水加热器或热水机组（器）连接，应采用长度不小于 400mm 的金属管段过渡。

图 3 所示为 PP-R 热水管，图 4 所示为 PP-R 冷水管。

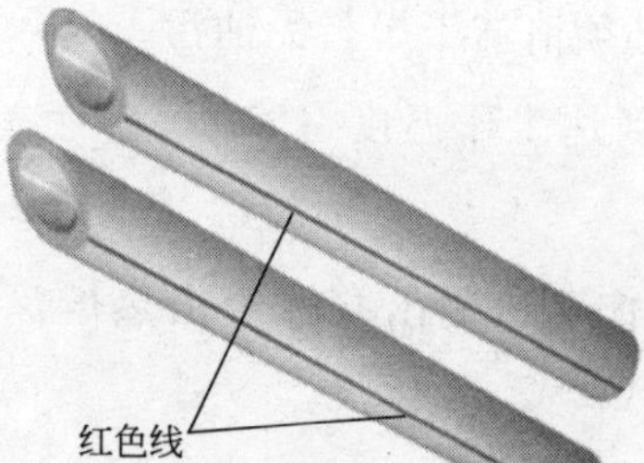

图 3 PP-R 热水管

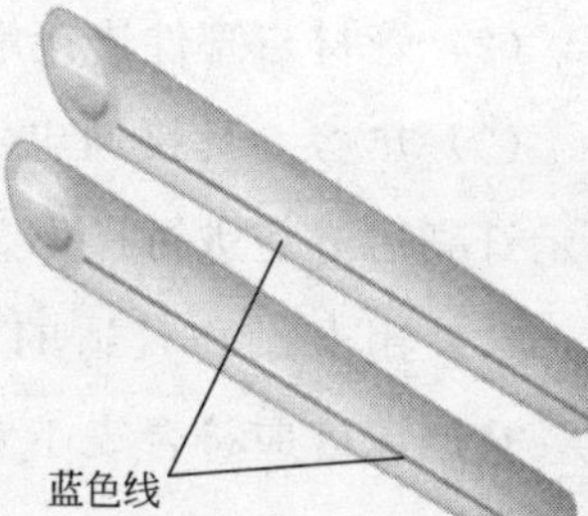

图 4 PP-R 冷水管

7. 热熔加工、连接 PP-R 给水管时应注意什么问题?

(1) 切割管材时，必须使端口面垂直于管子轴线。切割管材一般使用管子剪刀或管子切割机，也可以使用钢锯（见图 5、图 6）。切割后的管材断面应除去毛边和毛刺。

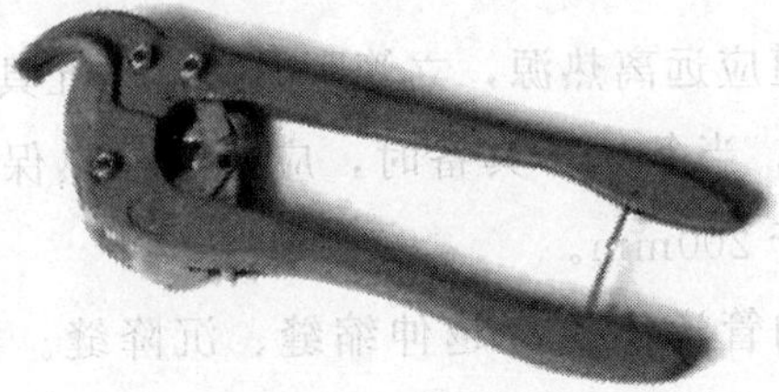

图5 塑料管剪刀

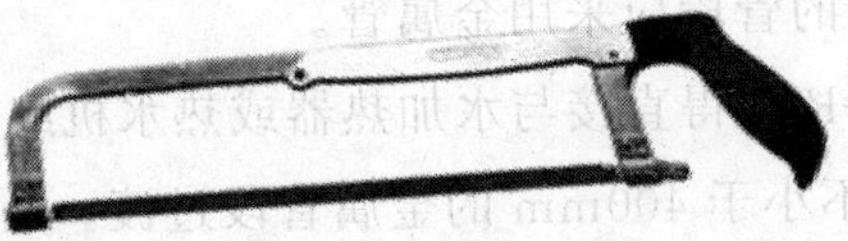

图6 钢锯

（2）管材与管件连接端面必须清洁干燥，无油污。

（3）热熔工具接通电源，到达工作温度（250～270℃）指示灯亮后方能进行操作。

（4）用卡尺和合适的笔在管端口测出并标绘出热熔深度，热熔深度应符合表1要求。

表1 PP-R给水管热熔加工要求

管子直径/mm	20	25	32	40	50	63	75	90	110
热熔深度/mm	14	16	18	20	23	27	31	35	41
加热时间/s	5	7	8	12	18	24	30	40	50
加工时间/s	4	4	4	6	6	6	10	10	15
冷却时间/s	3	3	4	4	5	6	8	8	10

注：1. 若环境温度小于5℃，加工时间应延长50%。

2. dn＜63mm时可人工操作，dn＞63mm应采用专用进管机具。

（5）熔接弯头或三通时，按设计图纸要求，应注意其方向。

(6) 无旋转地把管端导入加热套内，插入到所标示的深度，同时无旋转地把管件推到加热头上，达到规定标示处。加热时间应按热熔工具生产厂家规定执行（也可按照上表要求来做）。

(7) 达到加热时间后，立即把管材与管件从加热套与加热头上同时取下，迅速无旋转地沿直线均匀插入到所标深度，使接头处形成均匀凸熔边缘（图 7）。

图 7　热熔符合要求管内无熔瘤

(8) 在上表规定的加工时间内，还可校正刚熔接好的接头，但不得旋转。

在热熔过程中，掌握热熔时间是关键。热熔时间不够，管子粘接效果不好，容易出现松脱引起渗漏水，时间过长，热熔过度，容易形成管子内壁熔瘤（图 8），使管子有效内径变小甚至阻塞管道。

图 9 为手提式热熔机。

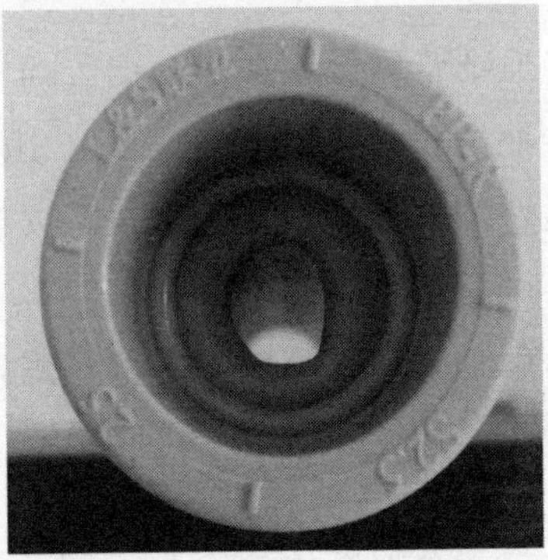

图 8　热熔过度形成管内熔瘤

图 9　手提式热熔机

8. 铝塑复合给水管的施工安装应注意什么问题?

装饰装修工程中，铝塑复合给水管采用卡套式（螺纹压紧式）铸铜接头压接，可拆卸，适用于 $dn \leqslant 32$ 的管道连接。施工安装应时应注意以下规定。

（1）管材的截断应采用专用管剪或管子割刀，其截断面应垂直于管材中心线。

(2) 管道转折宜采用弯曲管道的形式，弯曲成型，$dn \leqslant 32$ 时，宜采用插入相应规格的弹簧弯曲管道，弯曲半径应$\geqslant 5dn$，一次成型，不宜反复弯曲；$dn \geqslant 40$ 的管道，应采用专用弯管器弯曲。

(3) 埋设在墙面和楼地板垫层的管道，应采用完整管道，中间不设接头。

(4) 管道穿基础墙处，应预埋套管，管顶与套管内顶净空距离不应小于建筑物的沉降量，且不宜小于 100mm，管道穿越屋面、楼面及地下室时应采取防水措施。

(5) 管道穿墙壁、楼板或嵌墙暗装时，应配合土建预埋套管或预留孔槽。

(6) 室内地坪以下管道埋设，应在土建工程回填土夯实以后重新开挖进行，不得在回填土之前或未经夯实的土层上埋设。

(7) 埋地管道沟底应平整，不得有突出的尖硬物。原土的粒径不宜大于 12mm，必要时可铺 100mm 厚的砂垫层。管道周围的回填土填至管顶以上 300mm 处，经夯实后方可回填原土。室内埋地管道的埋深不宜小于 300mm。

9. 如何正确布置与敷设铝塑复合给水管道?

(1) 管道宜暗装，也可明装。但不得埋设在承重结构内，由于铝塑复合管（见图 10）柔性好，$dn \leqslant 32$ 时又为卷盘方式供货，所以特别适用于室内暗埋支管敷设。

(2) 在用水器具集中的卫生间，宜采用分水器（图 11 为常用分水器）配水，并使各支管以最短距离到达各配水点。

图 10　铝塑复合管

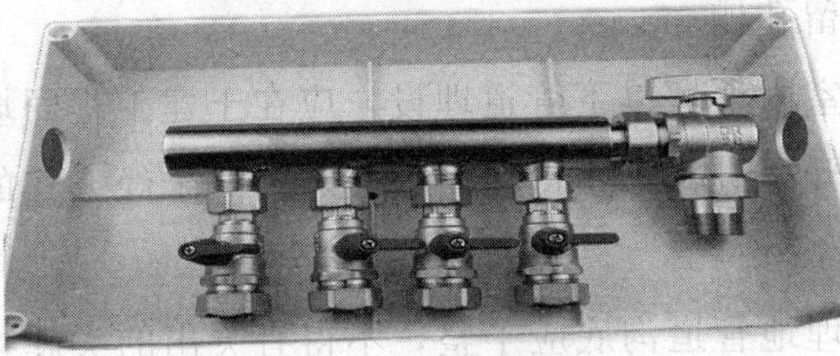

图 11　常用分水器

（3）管道明装时，在有可能碰撞、冰冻或阳光直射的场所应采取保护措施。

（4）管道垂直穿越墙、板、梁、柱时应加套管；穿越地下室外墙时应加防水套管；穿楼板和屋面时应采取防水措施。

（5）管道应远离热源，立管距灶台边缘应不小于400mm，距燃气热水器边缘不得小于200mm。不满足时应采取隔热措施。

（6）室内管道不宜穿越伸缩缝、沉降缝。如需要穿越时，应采取补偿管道伸缩和剪切变形措施。

（7）水箱（池）的进（出）水管，排污管等，自水箱（池）至阀门的管段应采用金属管。

（8）与水加热器或热水机组（器）连接，应采用长度不小于 400mm 的金属管段过渡。

（9）当 $dn \leqslant 32$ 管段采用管道弯曲时，转弯半径不得小于 $5dn$。

10. 连接方式为卡套式或卡压式时，为什么不能进行树干式暗配水？

当连接方式为卡套式或卡压式连接时，如配水方式为树干式配水，不得进行埋地嵌墙暗敷设，此时由于管路中间有接头，常会随着管内压力变化，安装时间长短而产生松动，一旦发生渗漏水，检修、维护不便。

11. 聚乙烯（PE-X）给水管的施工安装应注意什么问题？

聚乙烯（PE-X）给水管的连接采用卡箍式连接。卡箍式管件采用铜铸压件或不锈钢铸件，卡箍采用紫铜环，使用专用工具卡紧，适用于 $dn \leqslant 32$ 的热水管和 $dn \leqslant 63$ 的冷水管。施工安装应时应注意以下规定。

（1）截断管材应采用专用管剪或管子割刀，其截断面应垂直于管材中心线。

(2) $dn \leqslant 32$ 的管道安装时，应利用管材的可弯曲性能，尽量减少管件，管道的最小弯曲半径为 $8dn$。

(3) 埋设在墙面和楼地板垫层的管道，应采用完整管道，中间不应设接头。

(4) 管道穿墙壁、楼板或嵌墙暗装时，应配合土建预埋套管或预留孔槽。

(5) 管道穿基础墙处，应预埋套管，管顶与套管内顶净空距离不应小于建筑物的沉降量，且不宜小于 100mm，管道穿越屋面、楼面及地下室时应采取防水措施。

(6) 室内地坪以下管道埋设，应在土建工程回填土夯实以后重新开挖进行，不得在回填土之前或未经夯实的土层上埋设。

(7) 埋地管道沟底应平整，不得有突出的尖硬物。原土的粒径不宜大于 12mm，必要时可铺 100mm 厚的砂垫层。管道周围的回填土填至管顶以上 300mm 处，经夯实后方可回填原土。室内埋地管道的埋深不宜小于 300mm。

12. 如何正确布置与敷设聚乙烯（PE-X）给水管道?

(1) 管道宜暗装，但不得埋设在承重结构内，由于聚乙烯（PE-X）管（见图 12）柔性好，$dn \leqslant 32$ 时又为卷盘方式供货，所以特别适用于室内暗埋支管敷设。

(2) 管道可在管井、管窿、吊顶、地坪和架空层内敷设。管径较小时也可嵌墙或沿垫层埋设，直埋管段不应有接头，并宜套波纹护套管。

图 12 聚乙烯（PE-X）管

（3）在用水器具集中的卫生间，宜采用分水器配水，并使各支管以最短距离到达各配水点。

（4）管道明装时，在有可能碰撞、冰冻或阳光直射的场所应采取保护措施。

（5）管道垂直穿越墙、板、梁、柱时应加套管；穿越地下室外墙时应加防水套管；穿楼板和屋面时应采取防水措施。

（6）管道应远离热源，立管距灶台边缘应不小于400mm，距燃气热水器边缘不得小于200mm。不满足时应采取隔热措施。

（7）水箱（池）的进（出）水管，排污管等，自水箱（池）至阀门的管段应采用金属管。

（8）与水加热器或热水机组（器）连接，应采用长度不小于400mm的金属管段过渡。

（9）当$dn \leqslant 32$管段采用管道弯曲时，转弯半径不得小于$8dn$。

13. 对镀锌钢管的管螺纹质量有哪些要求?

管螺纹的加工质量是决定螺纹连接严密与否的关键环节。按质量要求加工的管螺纹，既使不加填料也能保证连接的严密性；而质量差的管螺纹，既使加较多的填料，也难于保证连接的严密。为此，管螺纹应达到以下质量标准。

（1）螺纹表面应清洁、无裂缝，可微有毛刺。

（2）螺纹断缺总长度不得超过规定长度的10%，各断缺处不得纵向连贯。

（3）螺纹高度减低量不得超过15%。

（4）螺纹工作长度允许短15%，但不应超长。

（5）螺纹不得有偏丝、细丝、乱丝等缺陷。

14. 如何确定不同管径的镀锌钢管的管螺纹长度尺寸?

螺纹加工的长度太长，费工、费时、费料；螺纹加工长度太短，连接的强度和密封性能均不能保证。所以螺纹加工的尺寸应符合表2要求。

表 2　管子螺纹长度尺寸表

项次	公称直径		普通丝头		长丝（连接设备用）		短丝（连接阀类用）	
	mm	in	长度/mm	螺纹数	长度/mm	螺纹数	长度/mm	螺纹数
1	15	1/2	14	8	50	28	12.0	6.5

续表

项次	公称直径		普通丝头		长丝（连接设备用）		短丝（连接阀类用）	
	mm	in	长度/mm	螺纹数	长度/mm	螺纹数	长度/mm	螺纹数
2	20	3/4	16	9	55	30	13.5	7.5
3	25	1	18	8	60	26	15.0	6.5
4	32	1¼	20	9	65	28	17.0	7.5
5	40	1½	22	10	70	30	19.0	8
6	50	2	24	11	75	33	21.0	9
7	70	2½	27	12	85	37	23.5	10.0
8	80	3	30	13	100	44	26	11.0

15. 如何操作镀锌钢管的螺纹连接？

螺纹连接也称丝扣连接，是通过外螺纹和内螺纹之间的相互扣丝来实现管道连接的。螺纹加工可以是手工套丝或机械自动套丝。规范规定，当管径小于或等于100mm的镀锌钢管应采用螺纹连接。其连接步骤如下。

（1）断管。根据设计图纸并结合现场测绘的草图，在选好的管材上画线，按线断管。

（2）套丝。将断好的管材，按管径尺寸分次套制丝扣，管径15～32mm者套两次，40～50mm者套三次，70mm以上者套3～4次为宜。

（3）管件安装。将所要装的管件带入管丝扣，旋进3～4丝扣，试试松紧度。然后在丝扣处涂上铅油，缠麻后带入管件，用管子钳将管件拧紧，使丝扣外露 2～3 丝，外露多余油麻应清理干净。

按以上步骤逐段进行安装。明装管路安装要求横平竖直，固定卡间距符合规范要求且牢固可靠。

图 13 为电动套丝机，图 14 为手动套丝绞板。

图 13　电动套丝机

图 14　手动套丝绞板

16. 管径 dn≤50mm 时，为什么不用闸阀而宜采用截止阀?

闸阀和截止阀是关断用阀，是最常见的两种阀门。截止阀与闸阀相比较，其优点是结构简单，密封性能好，制造维修方便；缺点是液体阻力大，开启与关闭力大。闸阀和截止阀属于全开全关型阀门，作为切断或接通介质之用，不宜作为调节阀使用。

截止阀和闸阀的应用范围是根据其特点决定的。在较小的通道中，当要求有较好的关断密封性时，多采用截止阀；

在蒸汽管道和大直径的给水管道中，由于流体阻力一般要求较小，则采用闸阀。

17. 如何正确安装截止阀？

截止阀可安装在设备或管道的任意位置。安装时，应使其阀杆尽量铅垂，若阀杆水平安装，会使阀瓣与阀座不同轴线，形成位移，易发生泄漏。

安装截止阀时要注意安装方向，方向安反会增加管路阻力，易损坏阀门。正确方法是水流方向与所标箭头方向一致，或低进高出，使进口管接入低端，出口管接于高端。这种方式安装时，其流动阻力小，开启省力。同时应采用铜质或不锈钢质截止阀门，不应使用铁质阀芯阀门，铁质阀芯阀门易腐蚀、污染水质，且使用寿命短。

图 15 为全铜截止阀，图 16 为 PP-R 截止阀。

图 15　全铜截止阀

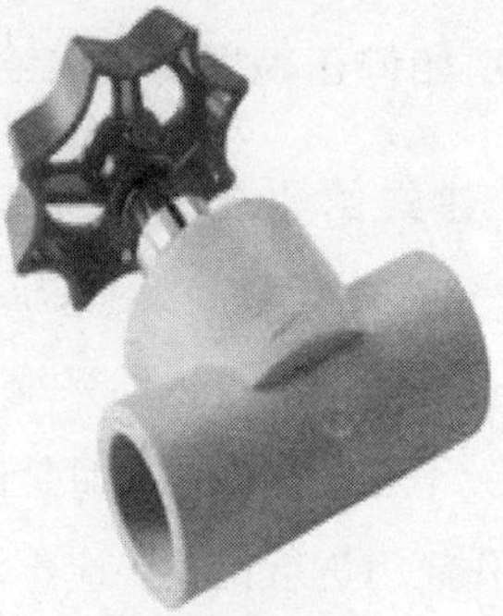

图 16　PP-R 截止阀

18. 阀门开启后不通水是什么原因?

阀门开启后不通水，可能有以下几种情况。

（1）闸阀或截止阀。感到阀门开不到头，再关也关不到底了，这是阀杆滑丝的特征，也就是阀杆不能将闸板带上来，所以阀门不通，需更换阀门阀杆或更换阀门。

（2）球形阀门。开不到头或关不到底了，属阀杆滑丝，需要更换阀杆或阀门。能开到头或关到底，是阀芯、阀杆脱落。*DN*40 以下的球阀，可把阀盖打开后，把阀芯取出来，阀芯侧面有一道明槽，内侧有个环形暗槽与阀杆的环形槽相应，把阀芯顶到阀杆上后，从阀芯明槽处把直径与阀芯（或阀杆）球形槽直径相等的铜丝插入阀杆的小孔后，用手使阀杆与阀芯做相对运动，铜丝会自然地卷入阀芯，阀芯就连接到阀杆上。

19. 如何正确理解室内给水管道水压试验的检验方法?

《建筑给水排水及采暖工程施工质量验收规范》（GB 50242—2002）条文中对水压试验检验方法的正确理解是：金属及复合材质给水管道的系统在试验压力下观测 10min，压力降不应大于 0.02MPa（此时是进行管道的压力强度试验），然后降到工作压力进行检查，应不渗不漏（此时是进行管道的严密性试验）；塑料材质给水系统应在试验压力下稳压 1h，压力降不得超过 0.05MPa（此时是进行管道的压力强度试验），然后在工作压力的1.15倍状态下稳压2h，压力降不得超过0.03MPa（此时是进行管道的严密性试验），同时检查各连接处不得渗漏。

20. 二次装修中如何正确进行管道试压?

二次装修中涉及主供水系统管道安装的情况较少，通常原建筑设备安装施工方负责主供水系统的安装，并已做过系统管道的强度试验和严密性试验。装修施工方一般是从主供水系统留头处碰接室内二次装修给水支管系统。由于此部分给水系统大多为沿墙和沿地面暗敷设，因此在隐蔽前必须进行管道试压，以确保无渗漏现象后才能隐蔽——进行下一道工序施工。试压时对试验压力的确定，既要考虑到给水管材的承压等级，又要考虑到系统中给水设备和其他附件（如水表、截止阀等）的承压等级，以承压等级小的作为试验压力的限定值，以满足规范要求的试验压力均为工作压力的1.5倍，同时规定最小试验压力不小于0.6MPa的下限值。

图17为简易手压式试压泵，图18为简易电动试压泵。

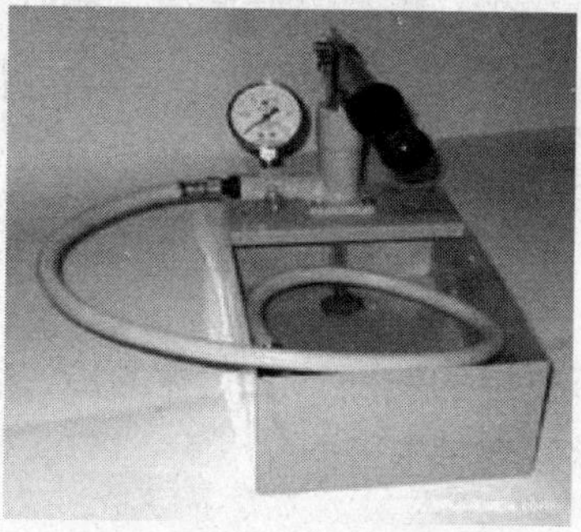

图17 简易手压式试压泵

图 18　简易电动试压泵

21. 同时安装冷、热水管道时应注意什么问题?

《建筑给水排水及采暖工程施工质量验收规范》(GB 50242—2002) 规定：同时安装冷、热水管道应符合下列规定。

(1) 上、下平行安装时热水管应在冷水管上方 (上热下冷);

(2) 垂直平行安装时热水管应在冷水管左侧 (左热右冷)。

二次装修中，冷、热水管道在墙、地面暗埋时，除了要按以上规定安装外，两管之间应有不小于 150mm 的间距，且不允许相互交叉、重叠敷设。

22. 卫生间所安装的洗面 (手) 盆的冷、热水出口中心距地多高比较合理?

卫生间所安装的洗面 (手) 盆通常都安装混水龙头

（冷、热水），装修中应根据所选定的洗面（手）盆的规格尺寸，正确确定预留冷、热水口距饰面层地面的中心高度。若业主一时不能确定安装哪种类型的洗面（手）盆时，其预留冷、热水口中心高度应不低于 450mm。一是可避免如选用柜盆一体化的整体组合式洗面（手）盆时，由于冷、热水出水口中心偏低，需要切割柜体的背板，且三角阀的安装、操作和今后更换也不便，二是避免接冷、热水的不锈钢软接管过长，影响美观。

图 19～图 21 为几种不合理情形。

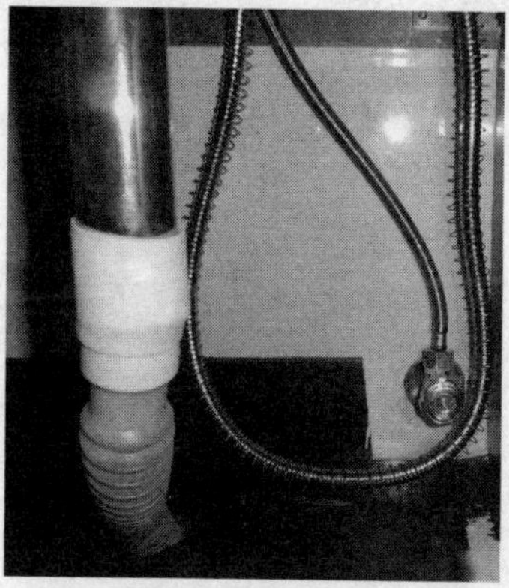

图 19　整体柜盆背板被锯、软管过长

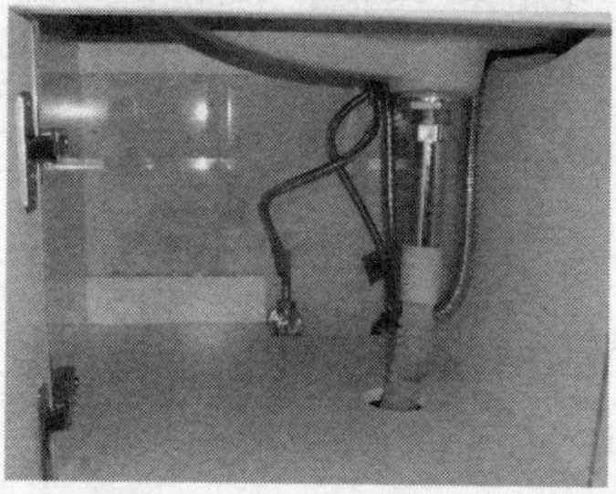

图 20　整体柜盆背板被锯、三角阀被挡

图 21　冷热水管在 400×600 的墙砖上
留口明显偏低（距装饰地面不到 400mm）

23. 生活饮用水管能直接与大便器连接吗?

严禁生活饮用水管直接与大便器连接，因为这样会导致水质污染，影响人体健康。应采用加设隔断装置的专用冲洗阀门，使饮用水管与大便器隔开，确保水质不被污染。大便器也可改用水箱冲洗方式。

24. 如何确定嵌墙暗埋的给水管其墙槽尺寸?

二次装修中管道嵌墙暗埋时，嵌墙暗管墙槽的尺寸深度为（dn＋20mm），宽度为（dn＋40～60mm）。凹槽面必须平整，不得有尖角等突出物，管道试压合格后，墙槽用

M7.5水泥砂浆填补密实。如果表面砂浆保护层厚度较小（特别是使用PP-R管时），由于热胀冷缩的原因，会造成墙面开裂。

25. 家庭装修中如何正确使用和维修单向阀?

单向阀又称为止回阀或逆向阀。止回阀属于自动阀类，启闭件靠流动介质的力量自行开启或关闭。止回阀只用于介质单向流动的管路上，阻止介质回流，以防发生事故。图22所示为直通式止回阀，图23所示为止回阀结构。

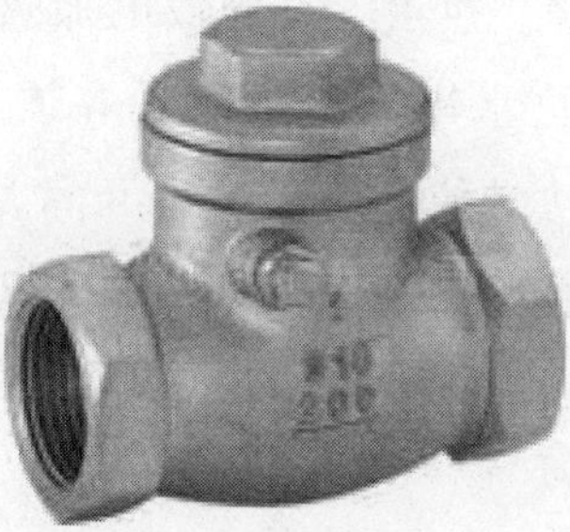

图22　直通式止回阀

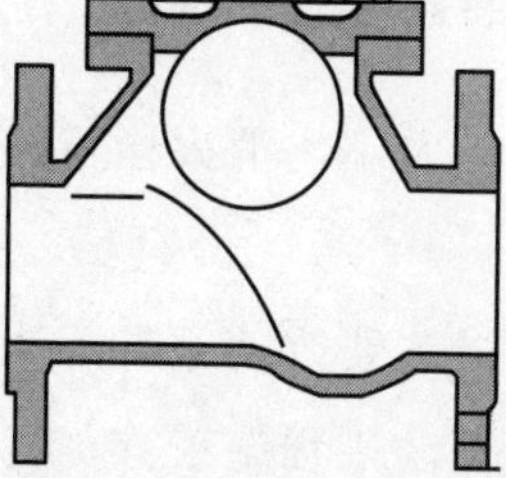

图23　止回阀结构

止回阀常见故障有：（1）阀瓣被打碎。由于止回阀前后介质压力处于接近平衡而又相互“拉锯”的状态，阀瓣经常与阀座拍打，某些由脆性材料做成的阀瓣就会被打碎；（2）介质倒流。由于内部密封面破坏或夹入杂质，会引起介质倒流。平时一旦发现单向阀出现上述故障，应及时清洗杂质或维修、更换。

26. 进户水表出水端为什么要加单向阀?

家庭装修中住户进水表出水端应加单向阀，避免卫生间或厨房内各种冷、热水混合阀或电加热水器的单向安全阀失灵后，致使热水串入冷水管内，烫坏水表的塑料轮芯，或在水压波动时使水表发生非正常反向或正向转动。特别是使用塑料给水主管（PVC-U 胶水粘接管材）时，热水流入管道会受热膨胀变形，最后导致爆管漏水，难于维护和维修。

27. 如何处理二次装修中的室内消火栓箱?

二次装修工程中涉及室内消火栓箱的地方，应按以下原则进行处理。

（1）装修设计尽量不要改动原有的消火栓位置，如确需要改动的，应由专业消防工程施工方负责改动，改动后的方案应报当地消防主管部门备案。

（2）装修施工不能封闭或遮挡室内消火栓箱，如确需封闭或遮挡的应在相应位置有明显的警示标志，如图 24 所示。

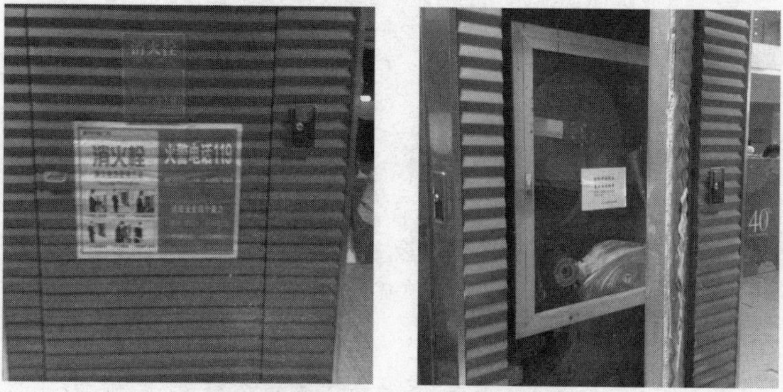

(a)　　(b)

图 24　有明显警示标志室内消火栓

28. 如何调整二次装修中的室内喷淋头？

二次装修中有吊顶的地方，应由专业消防工程施工方配合吊顶工程施工调整消防喷淋头。

（1）封闭式吊顶的喷淋头应设为下喷式喷头。

（2）吊顶上所开的孔应刚好能让喷头穿过，并能被装饰盖盖住，见图 25。

（3）网格式吊顶空隙较大时，喷淋头应设为上喷式喷头。

（4）格栅板式吊顶的应设为下喷淋头并在喷头下方加装集热罩，见图 26。

图 25　封闭式吊顶喷淋头下方加装饰盖

图 26　格栅板式吊顶喷淋头下方加集热罩

29. 室内消火栓箱总成由哪些部分组成？在布置上有何要求？

室内消火栓箱总成由水枪、水带、消火栓、应急启泵按钮和消防箱箱体等组成。在布置时消火栓应设置在走道、消防电梯前室、楼梯附近等明显易于取用的地点。消火栓间的距离应保证同层任何部位有两个消火栓的水枪充实水柱同时达到，高度不超过 100m 的高层民用建筑一般两栓之间不小于 13m。

30. 试验用消火栓的充实水柱长度是多少?

水龙带长度为 25m 时，试验用水枪的充实水柱长度不应小于 10m。考虑到某些屋顶水箱难于满足屋顶消火栓的水量、水压要求，应在消防泵开启后保证屋顶消火栓的水压要求。

31. 在什么情况下要设两条消防进水管?

当室内消火栓超过 10 个，且室外消防用水量大于 15L/s 时，室内消防给水管至少应有两条进水管与室外环状管网连接，并应将室内管道连成环状或将进水管道与室外管道连成环状。当环状管网的一条进水管发生故障时，其余的进水管应仍能供应全部用水量。

二、室内排水系统及卫生器具安装技术

32. 放样加工 PVC-U 排水管应注意什么问题?

装饰工程中室内排水管道安装目前使用较多的是塑料排

水管（PVC-U 排水管，见图 27）的粘接安装。在放样加工管子和粘接时，应根据设计要求并结合实际情况，按预留的位置测量尺寸，绘制加工草图，根据草图量好管道尺寸，再进行断口。管道的配管及坡口应符合下列规定。

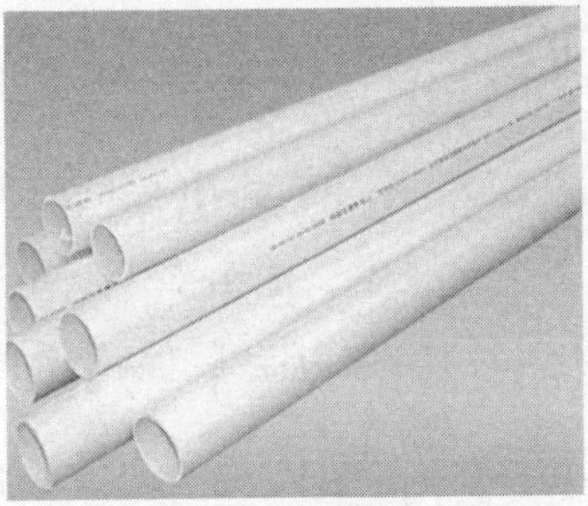

图 27　PVC-U 排水管

（1）锯管长度应根据实测并结合各连接件的尺寸逐段确定。

（2）锯管工具宜选用细齿钢锯、割管机等机具。端面应平整并垂直于轴线，应清除端面毛刺，管口端面不得有裂痕、凹陷。

（3）插口处可用中号板锉锉成 15°～30°坡口。坡口厚度宜为管壁厚度的 1/3～1/2。坡口完成后应将残屑清除干净。

33. 如何正确连接 PVC-U 排水管?

PVC-U 排水管道粘接连接时应按以下规定进行。

（1）管材与管件在粘接前，应将承口内侧和插口外侧擦拭干净，确保无尘砂无水迹。当表面有油渍时，应采用清洁剂擦拭干净。

（2）管材应根据管件实测承口深度，在管端表面画出插入深度标记。

（3）刷涂胶黏剂应先涂管件承口内侧，后涂管材插口外侧。插口涂刷应为管端至插入深度标记范围内。

（4）刷涂胶黏剂应迅速、均匀、适量，不得漏涂。

（5）承插口涂刷完胶黏剂后，应立即找正方向将管子插入承口，施压使管端插入至预先画出的插入深度标记处，并再将管道旋转90°。管道承插过程不得用锤子击打。

（6）承插接口粘接完成后，应将挤出的胶黏剂擦拭干净。

（7）粘接好承插接口的管段，根据胶黏剂的性能和当地气候条件，静置至接口固化为止。

图28为PVC-U排水管件。

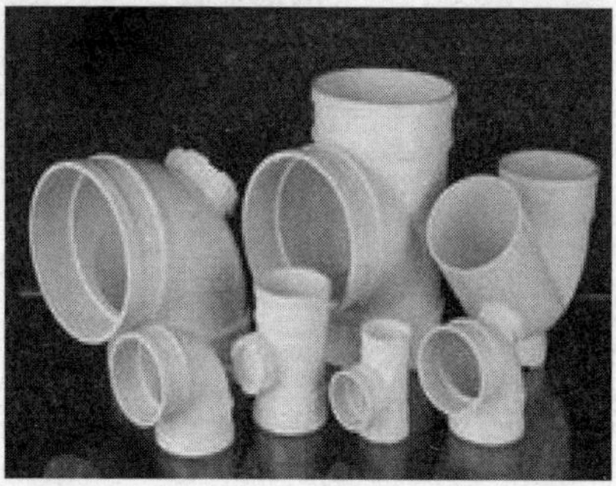

图28　PVC-U排水管件

34. 使用PVC-U排水管胶黏剂应注意什么问题?

PVC-U排水管胶黏剂安全使用应符合下列规定。

（1）胶黏剂和清洁剂的瓶盖应随用随开，不用时应随即盖好，严禁非操作人员使用。

（2）管道、管件集中粘接的预制场所严禁使用明火。场地内应通风，必要时应设置排风设施。

（3）冬季施工环境温度不宜低于－10°。当施工环境温度低于－10°时，应采取防寒防冻措施。预制场所应保护空气流通，不得密闭。

（4）粘接管道时，操作人员应站于上风处，且应佩戴防护手套、防护眼镜和口罩等。

35. 安装PVC-U排水管道穿楼板时一定要加穿楼板套管吗?

排水管道穿越楼板处如为固定支撑安装时，可不加穿楼板套管。此时管道安装好后应先校正，并及时吊好模，用C20细石混凝土分两次灌注捣密实。在进行找平层或面层施工时，在管道周围应筑成厚度不小于20mm，宽度不小于30mm的阻水圈。

如管道穿楼板为非固定安装时，应加设金属或塑料套管。套管内径比穿越管外径大10～20mm，穿越管与套管之间用沥青嵌缝。套管高出装饰面地面不得低于50mm，底部应与楼板底平齐。非固定支撑体（管卡）的内壁应光滑，与管壁之间应留有微隙。

36. 如何安装PVC-U排水立管伸缩节?

按设计及《建筑给水排水及采暖工程施工质量验收规范》(GB 50242—2002）要求，PVC-U排水立管每层均应安装伸缩节（或不大于4m一个)。设计对伸缩量无规定时，管端插入伸缩节处预留间隙，在夏季为5～10mm，冬季为15～20mm。安装时调整好预留间隙，在管端画出标记，将管端插口平直插入伸缩节承口橡胶圈中（可润湿点水，便于推动)，用力应均衡，不得摇挤。安装完毕应立即将立管固定。横管伸缩节安装方法与立管相同。

伸缩节设置应靠近水流汇合管件，并应符合下列规定。

(1）立管穿越楼层处为固定支撑且排水支管在楼板之下接入时，伸缩节应设置于水流汇合管件之下，如图29(a)、(c)。

(2）立管穿越楼板层处为固定支撑且排水支管在楼板之上接人时，伸缩节应设置于水流汇合管件之上，如图29(b)。

(3）立管穿越楼层处为不固定支撑时，伸缩节应设置于水流汇合管件之上或之下，如图29(e)、(f)。

(4）立管上无排水支管接入时，伸缩节可按伸缩节设计间距置于楼层任何部位，如图29(d)、(g)。

(5）横管上伸缩节应设于水流汇合管件上游端。

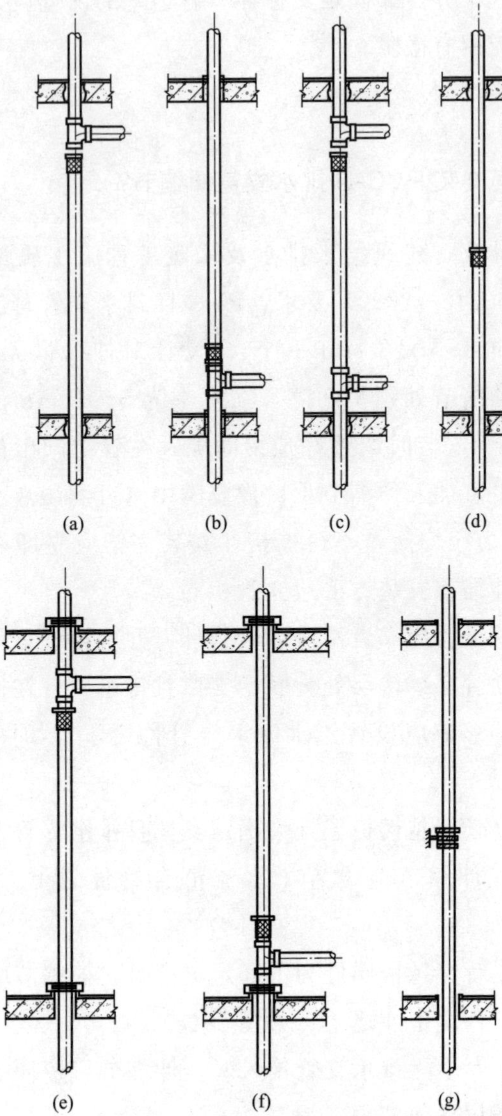

图 29　伸缩节安装示意图

（6）立管穿越楼层处为固定支撑时，伸缩节不得固定；伸缩节固定支撑时，立管穿越楼层处不得固定。

（7）伸缩节插口应顺水流方向。

（8）埋地或埋设于墙体，混凝土柱体内的管道不应设置伸缩节。

（9）横管伸缩节应采用锁紧式橡胶圈管件；当管径大于或等于 160mm 时，横干管宜采用弹性橡胶密封圈连接形式。

图 30 为 PVC-U 伸缩节，图 31 为穿楼板钢套管做法。

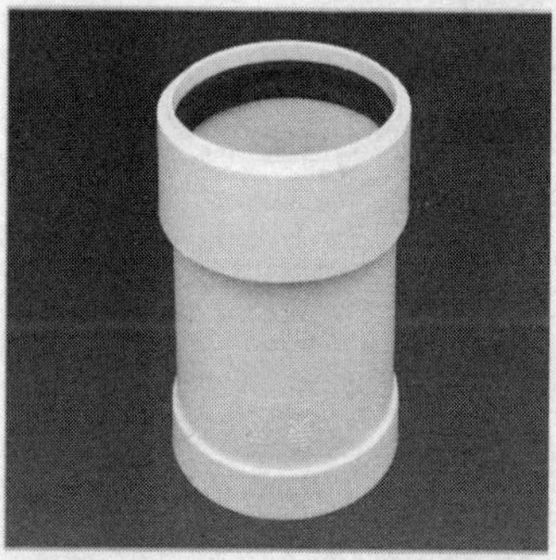

图 30 PVC-U 伸缩节

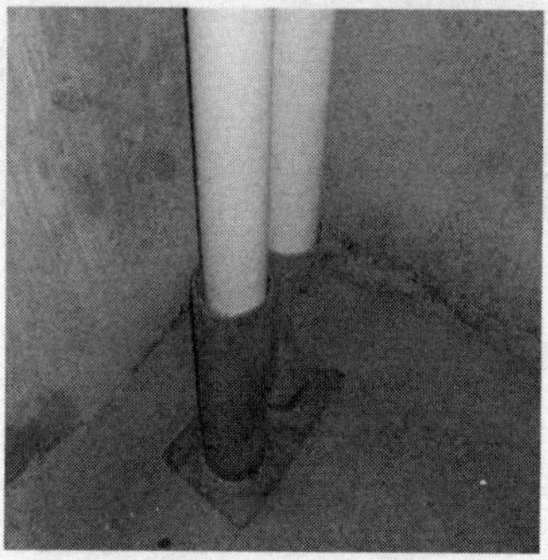

图 31 穿楼板钢套管做法

37. 二次装修对排水立管的装饰封闭应注意什么问题?

二次装修中，卫生间、厨房内的排水立管通常需要做装饰封闭处理，此时应注意排水立管上的检查口应留出检修门。检修门的大小以能够让管子钳拧到检查口上的螺纹盖子为准。一旦发生立管堵塞，可方便打开检查口盖子进行疏通。图 32 所示立管检查口盖子已被封死，是不正确的。

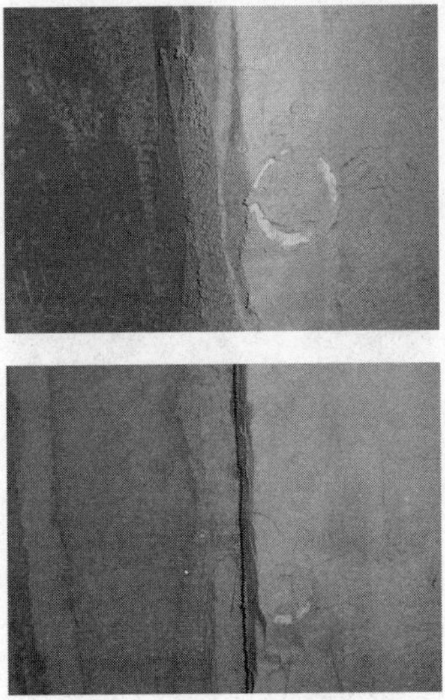

图 32　立管检查口盖子已被封死

38. 排水管改装好后要做通水试验吗?

二次装修中所改装好的排水管，在隐蔽前一定要做通水试验，以确保其不渗不漏，否则今后一旦发生渗漏水，其维修困难，且对已完成的建筑装饰破坏较大。

39. 伸顶通气管能任意改动吗?

位于顶层卫生间、厨房内的伸顶通气排水管，主要作用是与大气相通，便于管道排水通畅和排出污浊气体（高层建筑增加傍通管）。顶层住户在装修中不可任意改动甚至拆除封堵，否则将增加管子阻力造成慢下水，使排水不畅通，并有可能造成其他住户误认为是排水管堵塞，反复用管道疏通机进行疏通，一是造成不必要的经济损失，二是影响整个排水系统内各家各户的卫生洁具正常排水功能的使用。图 33 所示是不正确的。

40. 什么是异层排水? 什么是同层排水? 两者各有何优缺点?

异层排水是指室内卫生器具排水管穿过本层楼板，接下层的排水横支管，再接入排水立管的安装方式。其优点是排水畅通、维修简单，土建造价低。缺点是会对下层造成不利影响：因卫生器具排水管均要穿过楼板，容易在穿楼板处造成漏水；下层顶板处排水管道较多，不美观；排水时下层横支管道发出噪声；一旦发生漏水或管道堵塞时，需要进入下层住房进行维修和清通。

同层排水是指房间内的器具排水管不穿楼板，采用同层

(a)

(b)

图 33 伸顶通气管被改动，管径被改小

敷设排水横支管的方式。优点是卫生间排水管道系统布置在本层住房中，管道维修在本层进行，不干扰下层住户，因器具排水管不穿楼板，不受预留洞口限制，用户可较自由布置卫生器具位置，满足个性化要求，同时也减小了渗漏水的概率，无噪声产生。缺点是土建造价高（大多采取结构降板），管道检修及更换时必须破坏卫生间地面，其检修及土建工程较大。

目前大多数住宅中，卫生间均为同层排水安装，厨房为异层排水安装。

41. 什么是小管让大管、有压管让无压管的安装原则?

在各专业的安装施工中，为避免相互之间在空间位置上发生冲突，影响施工进度或造成不规范的施工，因此必须遵守小管让大管、有压管让无压管的原则。从专业角度分析，要求通风管道（大管）和排水管道（无压管）先安装好后，其他专业的管道和设施才能安装。图34为喷淋管道让通风管道，图35为电缆桥架让通风管道。

42. 雨水排水管道上能接其他生活污水管道吗?

规范上在一般项目的验收中明确规定：雨水管道不得与生活污水管道相连。在装饰装修工程中，特别是家装中，许

图 34　喷淋管道让通风管道

图 35　电缆桥架让通风管道

多用户为了方便，常将洗衣机、拖把池的排水管与室内处于阳台位置的雨水管道相连接。一旦发生堵塞或损坏雨水管道，在雨季时所造成的后果将不难想象，同时由于有些雨水管道是将雨水排在室外散水上的，非雨季节时，如果使用洗衣机或拖把池，经常使室外处于积水状态，影响环境卫生，或给人们的出行带来不便。图 36 所示为私自从暗埋雨水立管处接排水管。图 37 为将阳台雨水管地漏用作养鱼池排水口。都是规范不允许的。

图 36　私自从暗埋雨水立管处接排水管（规范不允许）

43. 如何确定不同种类卫生器具的安装高度?

卫生器具的安装应采用预埋螺栓或膨胀螺栓固定；卫生器具安装高度如设计无要求时，应符合表 3 的规定。

图 37　将阳台雨水管地漏用作养鱼池排水口（规范不允许）

表 3　卫生器具的安装高度

<table>
<tr><th rowspan="2">项次</th><th colspan="3" rowspan="2">卫生器具名称</th><th colspan="2">卫生器具安装高度/mm</th><th rowspan="2">备注</th></tr>
<tr><th>居住和公共建设</th><th>幼儿园</th></tr>
<tr><td>1</td><td>污水盆（池）</td><td colspan="2">架空式
落地式</td><td>800
500</td><td>800
500</td><td></td></tr>
<tr><td>2</td><td colspan="3">洗涤盆(池)</td><td>800</td><td>800</td><td rowspan="4">自地面至器具上边缘</td></tr>
<tr><td>3</td><td colspan="3">洗脸盆、洗手盆(有塞、无塞)</td><td>800</td><td>800</td></tr>
<tr><td>4</td><td colspan="3">盥洗槽</td><td>800</td><td>500</td></tr>
<tr><td>5</td><td colspan="3">浴盆</td><td>不大于 520</td><td></td></tr>
<tr><td>6</td><td>蹲式大便器</td><td colspan="2">高水箱
低水箱</td><td>1800
900</td><td>1800
900</td><td>自台阶面至水箱底</td></tr>
<tr><td rowspan="2">7</td><td rowspan="2">坐式大便器</td><td colspan="2">高水箱</td><td>1800</td><td>1800</td><td rowspan="2">自台阶面至水箱底</td></tr>
<tr><td>低水箱</td><td>外露排水管式
虹吸喷射式</td><td>510
470</td><td>370</td></tr>
</table>

续表

项次	卫生器具名称	卫生器具安装高度/mm		备注
		居住和公共建设	幼儿园	
8	挂式小便器	600	450	自地面至下边缘
9	小便槽	200	150	自地面至台阶面
10	大便冲洗水箱	不小于 2000		自地面至水箱底
11	妇女卫生盆	360		自地面至器具上边缘
12	化验盆	800		自地面至器具上边缘

44. 如何正确安装卫生器具给水配件?

卫生器具给水配件的安装高度如设计无要求时，应符合表 4 的规定。

表 4　卫生器具给水配件的安装高度

项次	给水配件名称	配件中心距地面高度/mm	冷热水龙头距离/mm
1	架空式污水盆(池)水龙头	1000	
2	落地式污水盆(池)水龙头	800	
3	洗涤盆(池)水龙头	1000	150
4	住宅集中给水龙头	1000	
5	洗手盆水龙头	1000	

续表

项次	给水配件名称		配件中心距地面高度/mm	冷热水龙头距离/mm
6	洗脸盆	上龙头(上配水)	1000	150
		下龙头(下配水)	800	150
		角阀(下配水)	450	
7	盥洗槽	水龙头	1000	
		冷热水上下并行(其中热水龙头)	1100	150
8	浴盆	水龙头(上配水)	670	150
9	淋浴器	截止阀	1150	95
		混合阀	1150	
		淋浴喷头下沿	2100	
10	蹲式大便器台阶面算起	高水箱角阀及截止阀	2040	
		低水箱角阀	250	
		手动式冲洗阀	600	
		脚踏式自闭冲洗阀	150	
		拉管式冲洗阀(从地面算起)	1600	
		带防污助冲器阀门(从地面算起)	900	
11	坐式大便器	高水箱角阀及截止阀	2040	
		低水箱角阀	150	
12	大便槽冲洗水箱角阀(从台面算起)		不小于 2400	
13	立式小便器角阀		1130	
14	挂式小便器角阀及截止阀		1050	
15	小便槽多孔冲洗管		1100	
16	实验室化验盆水龙头		1000	
17	妇女卫生盆混合阀		360	

45. 如何正确安装洗脸（手）盆?

洗脸（手）盆的安装应在墙、地面饰面装修及吊顶工程已基本完成后进行，且冷热水留口位置、标高正确，隐蔽验收合格。其安装要点如下。

（1）以脸盆中心及高度划出十字线，将固定支架用带防腐的金属固定件安装牢固。

（2）当墙体为多孔砖时，应事先凿孔填实水泥砂浆后再进行固定件安装；当墙体为轻质隔墙时，应在墙体内设置后置埋件，后置埋件与墙体连接牢固。

（3）洗脸（手）盆的下水件与地面排水栓连接处应用浸油石棉橡胶板密封。

（4）当设计无要求时，其安装高度从饰面层地面到器具上口边缘为800mm。

（5）商家所提供的产品有安装说明的按其安装说明进行安装。

图38为美标柱盆安装示意。

美标柱盆　　美标感应式水龙头

图38

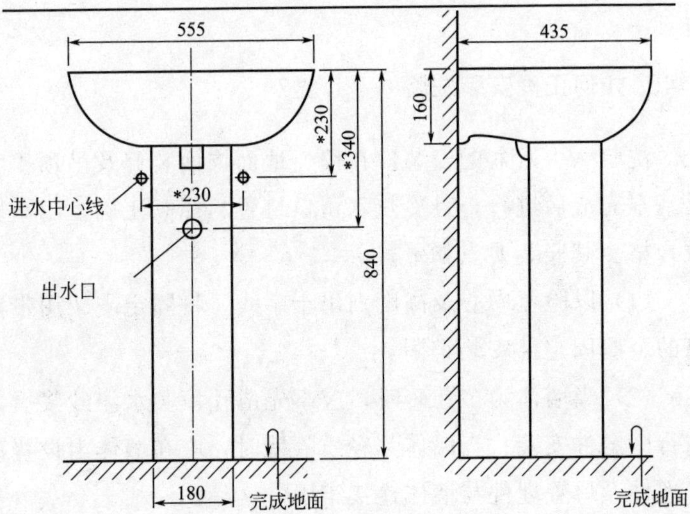

图 38 美标柱盆安装尺寸示意图

46. 如何正确安装蹲式大便器?

蹲便器单独安装时应根据设计图确定其安装位置。其便器下水口中心距后墙饰面层距离为 640mm，且左右居中水平安装。安装成排蹲便器时，便器与便器对中之间距离不应小于 900mm。其安装要点如下。

(1) 卫生间内杂物清理干净后，将蹲便器按之前确定的位置安装上去，调好水平和居中后，四周抹填灰膏，两侧用砖挤牢固。

(2) 冲水管与便器皮碗连接时，应使用专用喉箍紧固或使用 14 号铜丝分两道错开绑扎并拧紧。

（3）防水做完后，其冲洗管与便器皮碗连接处的四周应用干砂回填好后再进行整体回填，以便今后维护检修。

安装固定好的蹲便器应将下水口堵塞好并在内腔填满废纸或干砂，做好成品保护，严禁踩踏在便器上进行施工。

图 39 所示为蹲式大便器。

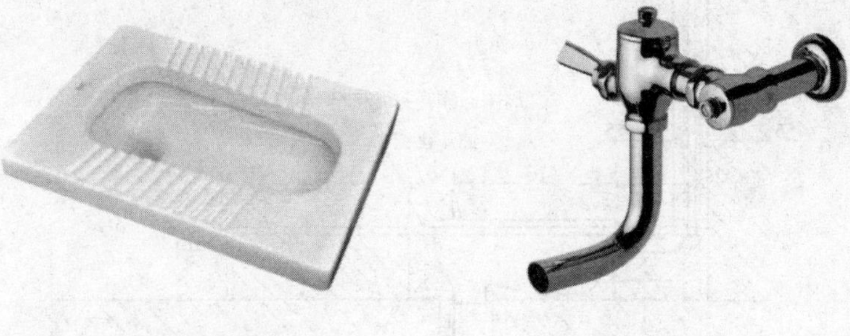

(a) 美标蹲式大便器　(b) 美标蹲式大便器脚踏冲洗阀

图 39　蹲式大便器

47. 如何正确选用蹲式大便器?

市场上出售的蹲式大便器有两种结构类型：一种是本体自带水封的；一种是不带水封的（俗称直冲式）。在异层排水的蹲式大便器下方的器具排水管，原土建安装施工时，按设计要求均装有存水弯（De110 的 P 形弯）。业主在二次精装修时通常认为原安装的蹲式大便器不够好，需要重新换一个。此时买一个直冲式的换上去即可（如图 40），如果买自带水封的大便器安上去，就会形成两个水封叠加，增加排水阻力，使排水管排水流速减慢。有关这一问题，可通过一组

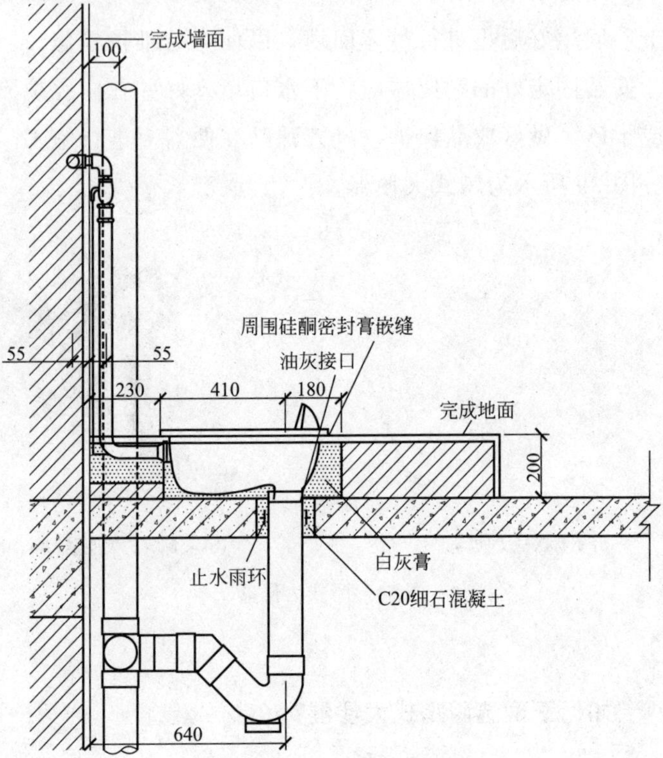

图 40　不带水封蹲式大便器

试验得到验证：取两组 De110 的存水弯，其中第一组为一个 P 形弯、第二组为两个 P 形弯叠加组成。试验开始时，分别向两组存水弯内注水，直到水自然流出后停止，表明两组管子内的存水弯全部注满水。试验时，先向第一组存水弯内倒入 10L 水，记录其全部流完水的时间，用同样方法向第二组存水弯内到入水，并记录全部流完水的时间，其试验结果如表 5 所示。

表 5　De110 存水弯流速试验

1	第一组(一个存水弯)	第二组(两个存水弯叠加)
2	倒入 10L 水	倒入 10L 水
3	流完所需时间:9s	流完所需时间:15s
4	结论:流速相对较快	结论:流速相对较慢

反之，如果要安装自带水封的蹲式大便器，那么其大便器的器具排水管下方应取消 P 形存水弯为好（如图 41）。

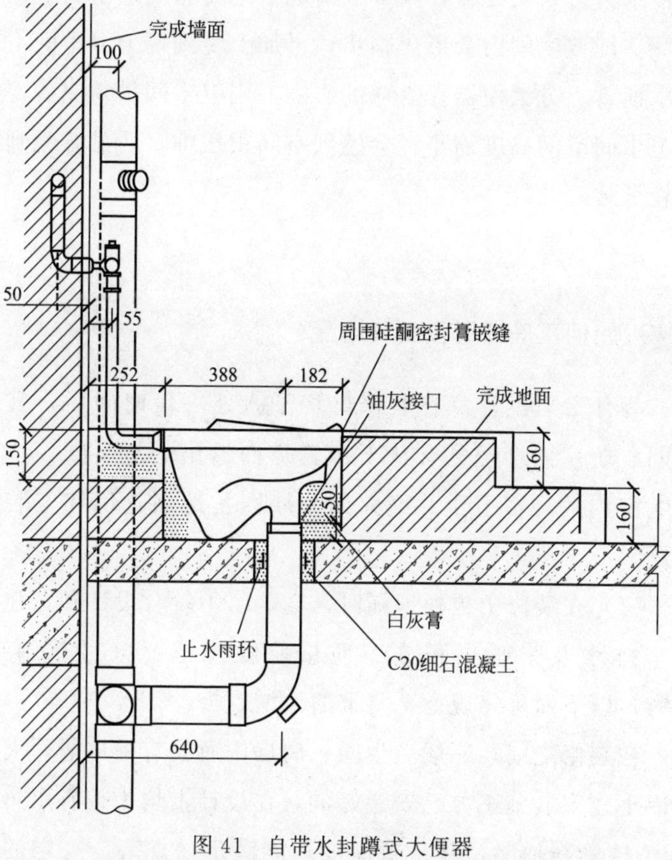

图 41　自带水封蹲式大便器

48. 为什么装修好的卫生间感觉空间较矮?

在异层排水的卫生间设计的是蹲式大便器时，一般在卫生间的结构上要降板20cm左右。一般自带水封的蹲式大便器比不带水封的蹲式大便器要高出120mm左右，如安装成自带水封蹲式大便器，大多数情况下还要相应地抬高卫生间地坪，即卫生间内会形成踏步，再加上受到楼上卫生间下方排水横管上方大便器存水弯的影响，当卫生间吊顶完后，会使卫生间空间高度缩小，会感到空间很压抑，明显感觉到空间较低矮。

49. 如何正确选用和安装地漏?

为什么有的家庭在装修好房子入住一段时间后，其卫生间、厨房内会经常有从下水管道内返出的恶臭味，严重影响室内的环境卫生。绝大部分原因是地漏选用和安装有问题。

(1) 在装修中更换地漏时，选购了不符合设计和《建筑给水排水及采暖工程施工质量验收规范》(GB 50242—2002) 以下简称《规范》要求的地漏。

在装修之前，一般卫生间、厨房内所安有的地漏，大都是原土建安装施工方已安装好的，在设计上均为带有水封的PVC-U塑料地漏，其水封深度均能满足《规范》规定的不小于 50mm 的要求，因此能利用水封内的水起到有效防臭的作用（如图 42）。但实际水电装修施工中，许多住户或装修施工队伍，大多喜欢改换成不锈钢地漏。此种地漏虽看起来美观、整洁，但其绝大多数水封深度一般只有 10～20mm 左右，根本达不到《规范》的要求，其水封内的水很快就蒸发掉，尤其在夏天蒸发得更快，起不到有效防臭的作用。因此在这种情况下建议不要随便改换原有的地漏，如要改换应尽可能购买水封深度达到《规范》要求的金属地漏（铸铜或铸铁地漏）。

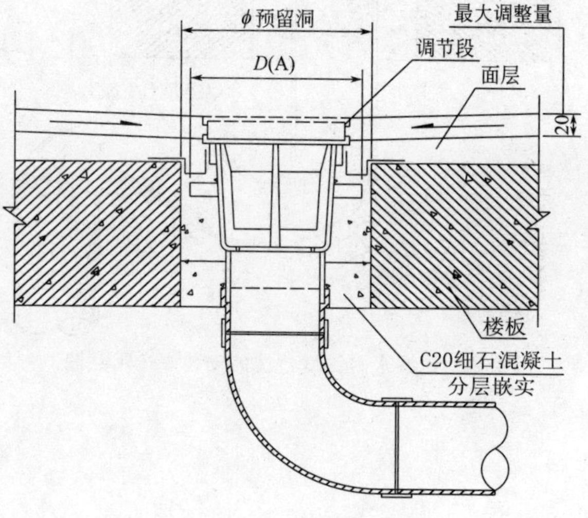

图 42 带有水封地漏的安装示意

（2）在给排水设计施工图中，地漏下方的器具排水管一般均不设存水弯，主要就是靠地漏本身的水封防臭。如果水封深度过浅就不能有效地起到水封防臭的作用，容易引起室内空气环境恶化。为避免安装水封深度达不到要求的各种地漏，此时应做相应的改动，在地漏下方的器具排水管上改装带水封的S形或P形存水弯（如图43），其防臭功能由存水弯代替，能有效起到防臭的作用。但此种改造如果是同层排水较容易，如果是异层排水就比较麻烦，必须争得物业管理部门和相邻楼下业主的同意才能改动。

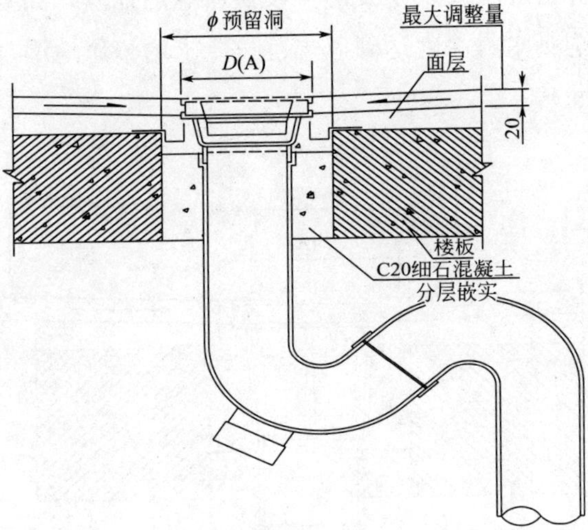

图43　地漏水封深度过浅的安装改造示意图

第二章
装修工程室内电气安装技术

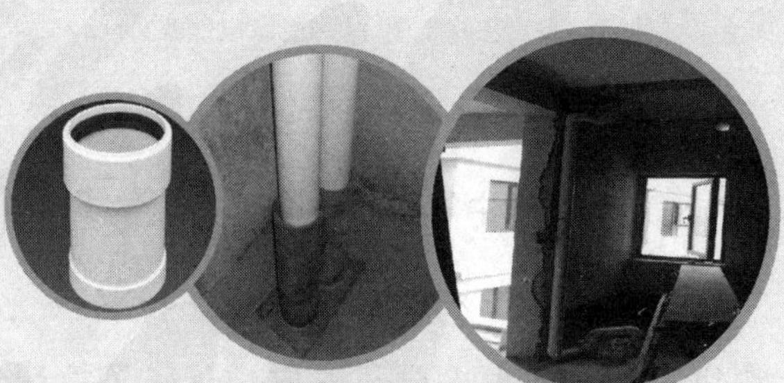

三、室内配管穿线安装技术

50. 什么是绝缘电线？ 其型号如何表示？

具有绝缘层的电线称为绝缘电线。绝缘电线型号表示如图 44。

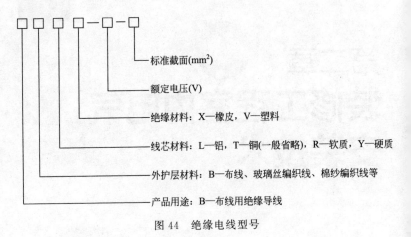

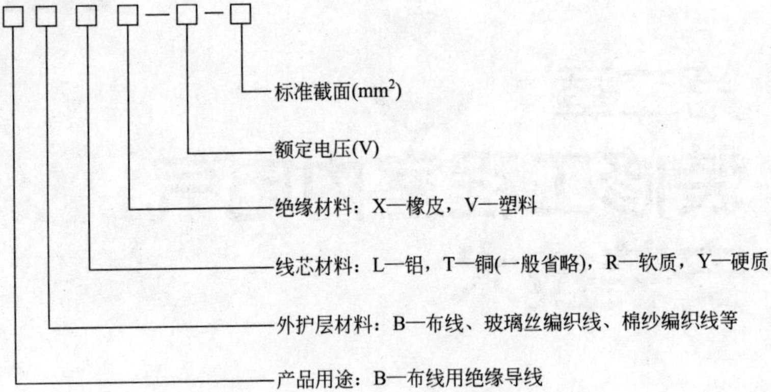

图 44 绝缘电线型号

51. 装修工程中常用绝缘电线种类有哪些？

绝缘电线种类很多，按线芯材料分为铜芯和铝芯，按线芯股数分为单股和多股，按线芯结构分为单芯、双芯和多芯，按绝缘材料分为塑料（聚氯乙烯）绝缘电线和橡皮绝缘电线等。装修工程中常用绝缘电线型号及应用见表 6。

表6 常用绝缘电线型号及应用

类别	型号	名称	额定电压/V	芯数	标称截面/mm²	长期允许工作温度/℃	应用
聚氯乙烯绝缘电线	BV	铜芯聚氯乙烯绝缘电线	300/500	1	0.5～1.0 1.5～400	70	固定敷设，用于室内明敷设、穿管等场合
	BVR	铜芯聚氯乙烯绝缘软电线	450/750	1	2.5～70	70	安装时要求“柔软”的场合
	BVV	铜芯聚氯乙烯绝缘聚氯乙烯护套圆型电线	300/500	1,2,3.4.5	0.75～10	70	机械防护要求较高和潮湿等场合，可明、暗敷设或地下直埋
	BVVB	铜芯聚氯乙烯绝缘聚氯乙烯护套平型电线	300/500	2,3	0.75～10	70	固定敷设
	RVS	铜芯聚氯乙烯绝缘绞型连接软电线	300/300	2	0.3～0.75	70	用于家用电器、仪器仪表，照明等柔性接线
	RVVB	铜芯聚氯乙烯绝缘及护套平型连接软电线	300/300	2	0.5～0.75		
	AVR	铜芯聚氯乙烯绝缘安装软电线	300/300	1	0.035～0.4	70	电子设备等内部接线

续表

类别	型号	名称	额定电压/V	芯数	标称截面/mm^2	长期允许工作温度/℃	应用
通用橡套软电线	YQ(YQW)	轻型橡套软电线	300/300	2,3	0.3～0.5	65	用于轻型移动电器和工具接线
	YZ(YZW)	重型橡套软电线	300/500	2,3,4,5	0.75～6		用于各种移动电器和工具接线

52. 什么是绝缘电线的载流量?

绝缘电线载流量是指在一定条件下，电线通过电流时，考虑其发热程度而规定的允许值。装修工程中常用绝缘电线长期连续负荷载流量见表7。

表7　绝缘电线长期连续负荷载流量　　单位：A

类别	标称截面/mm^2	空气中(明)敷设		穿铁管						穿塑料管					
				2根		3根		4根		2根		3根		4根	
		铜	铝	铜	铝	铜	铝	铜	铝	铜	铝	铜	铝	铜	铝
塑料绝缘	1.0	20		16		15		13		15		14		12	
	1.5	25	19	21	16	20	15	19	12	21	16	18	14	17	13
	2.5	34	26	30	21	27	21	25	18	28	22	25	19	23	16
	4	45	35	40	30	35	27	33	25	37	29	33	25	30	23
	6	56	43	52	40	45	36	42	34	50	36	43	34	39	30
	10	85	66	73	53	63	48	56	41	68	51	59	45	53	40
	16	113	87	91	73	79	61	74	55	85	65	76	58	68	53
	25	146	112	120	91	108	78	95	73	110	83	99	73	88	68
	35	180	139	151	111	130	101	116	86	138	103	120	94	109	83

注：铝芯电线在装修工程中不常用，此处列出主要是与铜芯电线作对比。

53. 什么是绝缘电线的环境温度载流校正系数?

绝缘电线的载流量不仅会受到敷方式和敷设根数的影响，也会受到环境温度的影响，因此在应用中，所查得的绝缘电线的载流量应乘以下述环境温度载流校正系数，见表8。

表8　绝缘电线环境温度载流量校正系数

工作温度/℃	环境温度/℃								
	5	10	15	20	25	30	35	40	45
90	1.14	1.11	1.07	1.04	1.0	0.961	0.925	0.887	0.832
80	1.17	1.13	1.09	1.04	1.0	0.954	0.905	0.853	0.798
70	1.20	1.15	1.11	1.05	1.0	0.943	0.822	0.816	0.745
65	1.22	1.17	1.12	1.06	1.0	0.935	0.865	0.791	0.707
60	1.25	1.20	1.13	1.07	1.0	0.926	0.845	0.756	0.655
50	1.34	1.26	1.18	1.09	1.0	0.895	0.775	0.663	0.447

如BV-2.5绝缘电线的工作温度为70℃，三根线同穿一根PVC阻燃电线管暗敷时的载流量为25A，考虑环境温度为30℃时，其校正后的载流量为25×0.943=23.6(A)。

54. 装修工程常用的电缆有哪些?

电缆线路与一般线路比较，一次性成本较高、维修困难，但绝缘性能、机械性能好，运行可靠，不易受外界影响，不用架设电杆，特别适合于在有腐蚀性气体和易燃易爆物场所敷设。

电缆的种类很多，按其结构及作用可分为电力电缆、控制电缆、通信电缆、同轴电缆、移动式软电缆等。电缆由导电线芯、绝缘层和保护层组成。常用电缆型号含义见表 9。

表 9 常用电缆型号含义

类型	绝缘种类	线芯材料	内护层	其他特征	外护层	
电力电缆 不表示 K—控制电缆 Y—移动式 软电缆 P—信号电缆 H—市内电 话电缆	Z—纸绝缘 X—橡皮 V—聚氯 乙烯 Y—聚乙烯 YJ—交联 聚乙烯	T—铜(略) L—铝	Q—铅护套 L—铝护套 H—橡胶套 (H)F—非 燃性橡胶套 V—聚氯 乙烯护套 Y—聚乙 烯护套	D—不滴油 F—分相 铅包 P—屏蔽 C—重型	第 1 数字 （铠装类） 2—双钢带 3—细圆 钢丝 4—粗圆 钢丝	第 2 数字 （外护层类） 1—纤 维绕包 2—聚 氯乙烯 3—聚乙烯

装修工程中所用电缆主要是室内低压电力电缆（小于 1kV，见图 45），一般均选用交联聚乙烯绝缘聚氯乙烯护套电力电缆（YJV 电缆）。图 46 为 BV 型绝缘电线。

图 45 低压电缆

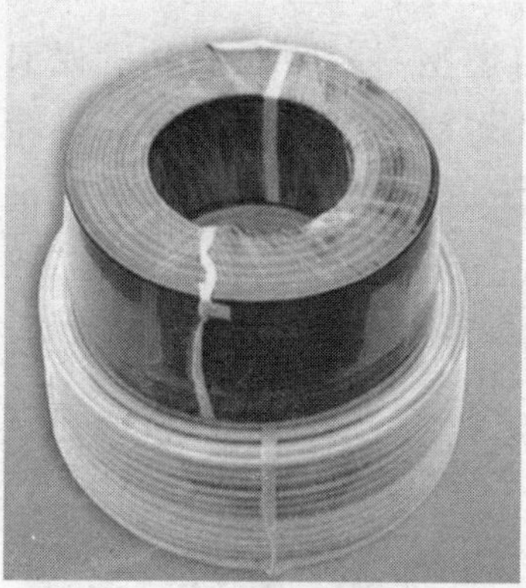

图 46　BV 型绝缘电线

55. 装修工程中常用电气配管材料有哪些?

在电气施工中，为使电线、电缆免受腐蚀和外来机械损伤，常把它们穿管（配管）敷设，常用的线缆配管有金属管和塑料管等。

(1) 金属电线管

① KBG 电线管。套接扣压式薄壁钢管，简称 KBG 管(如图 47)。采用优质冷扎带钢，经高频焊管机组自动焊缝成型，双面镀锌而成。管材壁厚均匀，卷焊园度高，与管接头公差配合好，焊缝小而圆顺，管口边缘平滑。有 ϕ16、ϕ20、ϕ25、ϕ32、ϕ40 五种规格。长度均为 4m 定尺，厚度分别为 1.0～1.2mm。

② 金属软管。金属软管（如图 48）又称（金属）蛇皮管。金属软管由厚度为 0.5mm 以上的双面镀锌薄钢带

压边卷制而成。金属软管有外带塑护套和不带塑护带两种，塑护套为阻燃型材料。金属软管既有相当的机械强度，又有很好的弯曲性，常用于弯曲部位较多的场所及电气设备的出线处等，其两端应用专用的金属软管接头连接。

图 47 KBG 电线管

图 48 金属软管

(2) 塑料电线管

目前工程上使用的 PVC 塑料电线管，配管方便，节省钢材，可浇筑于混凝土内，也可明装于室内及吊顶内等场所，适用于室内或有酸、碱等腐蚀物质的场所作照明配管敷设安装。

PVC 塑料电线管均应通过检测且符合国家规定的无增塑刚性塑料管，应有难燃、自熄、易弯曲、耐腐蚀、重量轻及优良的绝缘性等特点，并有较强的抗压和抗冲击强度。

图 49 为家装用 PVC 阻燃电线管，图 50 为 PVC 阻燃波纹电线管。

图 49　家装用 PVC 阻燃电线管

图 50　PVC 阻燃波纹电线管

56. 电气线路配管有哪些规定?

配管又称线管敷设。配管工作一般从配电箱开始，逐段配至用电设备处，有时也可从用电设备端开始，逐段配至配电箱处。电线配管应遵循以下规定。

（1）敷设在多尘或潮湿场所的电线保护管，管口及其各连接处均应密封。

（2）线路暗配时，电线保护管宜沿最近的路线敷设，并减少弯曲。暗埋在墙、地面的电线保护管应有不小于15mm的混凝土或砂浆保护层。

（3）进入落地式配电箱（柜）的电线保护管，排列应整齐，管口宜高出配箱（柜）基础面50～80mm。

（4）电线保护管的弯曲处，不应有褶皱、凹陷和裂缝，且弯偏程度不应大于管外径的10%。

（5）电线保护管的弯曲半径应符合下列规定。

a. 当线路明配时，弯曲半径不宜小于管外径的6倍；当两个接线盒间只有一个弯曲时，其弯曲半径不宜小于管外径的4倍。

b. 当线路暗配时，弯曲半径不宜小于管外径的6倍；当埋设于地下或混凝土内时，其弯曲半径不应小于管外径的10倍。

图51～图53所示为不符合规定的做法。

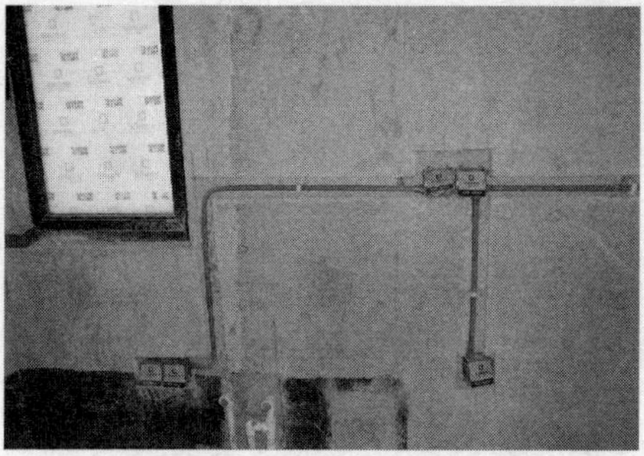

图 51 两个接线盒之间未走最近距离

图 52 未走最近距离，弯曲点过多，穿换线难度大

图 53 未按要求走最近距离，弯曲过多，若发生线路短路或断路根本无法更换导线

57. 在什么情况下应增设接线（拉线）盒？

当电线保护管遇到下列情况之一时，中间应增设接线盒或拉线盒，且接线盒或拉线盒的位置应便于穿线。

（1）管长度不超过 30m，无弯曲。

（2）管长度每超过 20m，有一个弯曲。

（3）管长度每超过 15m，有两个弯曲。

（4）管长度每超过 8m，有三个弯曲。

图 54 所示不合要求。

图 54　管路弯曲过多，未设拉线盒，吊顶封闭后，今后维护维修较困难，且无法更换导线

58. 如何加工 PVC 阻燃电线管？

（1）切断 PVC 电线管

PVC 管可用钢锯切断，此方法适用于所有管径的 PVC

管。管子锯断后，应将管口修理平齐、光滑。也可用专用截管刀剪断，截断后用剪刀背将切口倒角。

（2）弯曲 PVC 电线管

在装修工程中，由于管子管径不大（小于 De25），均采取冷弯曲，冷弯时采用弹簧弯管器进行加工。将弹簧插入管内需弯曲处，两手握紧管材两头，缓慢使其弯曲。考虑到管材的回弹，在实际弯曲时应比所需弯度小 15°左右，待回弹后，检查管材弯曲度，若不符合要求，直至弯到符合要求为止，最后逆时针方向扭转弹簧，将其抽出。当管材较长时，可将弹簧两端系上绳子或铁丝，一边拉、一边放松，将弹簧拉出。

（3）连接 PVC 电线管

PVC 电线管的连接应使用专用胶黏剂。将管接头及管子清理干净，将管接头内面均匀刷一层胶黏剂，立即将刷好胶水的管端头插入接头内，不要扭转，保持约 15s 不动即可粘牢。

59. 电线导管进箱（盒）为什么要加锁扣?

一是使电线导管与箱（盒）固定；二是利用锁扣护住导管口，避免穿线拉线时被导管口划破电线绝缘层，以确保线路的安全。

图 55、图 56、图 58 所示不合要求，图 57、图 59 所示符合规范要求。

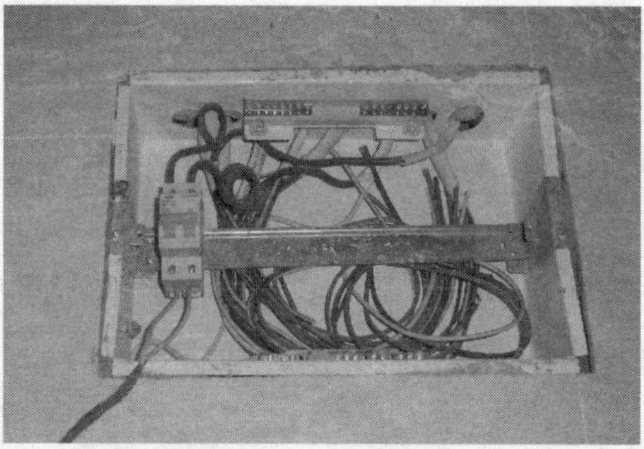

图 55　所有进配电箱回路未穿电线保护管，不符合《建筑电气工程施工质量验收规范》（GB 50303—2002）要求

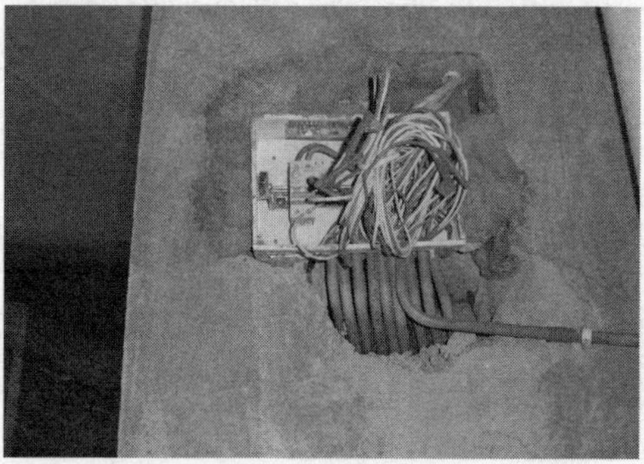

图 56　管子进箱未加锁扣，回路过多，管子排列杂乱

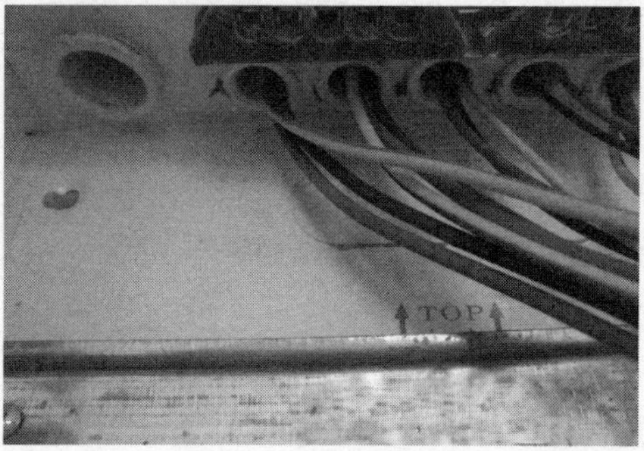

图 57　进配电箱各回路均穿管并加有锁扣，符合规范要求

图 58　电线管进盒子未加锁扣，易损伤导线

图 59　电线管进盒子加锁扣

60. 室内暗配管的施工顺序是怎样的?

室内配管通常有明配和暗配两种。明配是将管线敷于墙壁、梁、柱等表面明露处，施工要求管路横平竖直，整齐美观，固定牢固，且固定点间距均匀。暗配是将管线敷设在墙内，地坪内、楼板内或天棚内等处，施工要求是管路走最近距离，弯曲要少，以便更换导线。室内装修工程中大多为暗配管，其施工流程如图60。

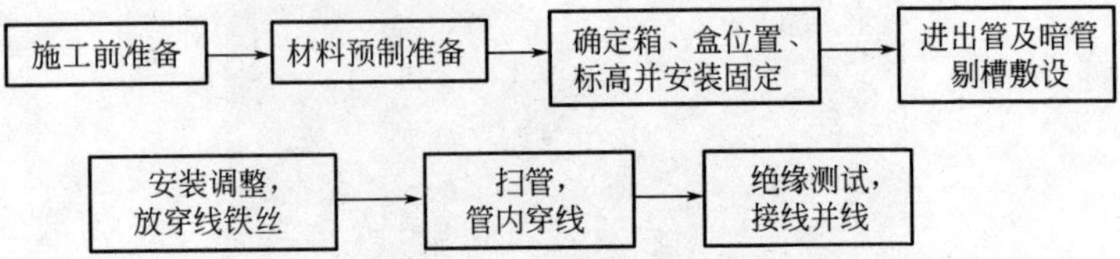

图60　室内暗配管施工流程

61. 如何正确预埋开关、插座底盒?

暗装开关、插座时，先将开关盒（或插座盒）按设计图纸要求的位置预埋在墙体内。埋设时，应使盒体牢固而平正，盒口应与装饰饰面层平面一致。待接线完后将开关（或插座）面板，用螺钉固定在开关盒（或插座盒）上。

在有饰面墙砖的地方，应事先确定饰面砖面层的墙面标高，以便使底盒安装时盒口能尽量与装饰面层平齐。如埋深超过1.5cm，则应重新调整或在原底盒上再加装套盒。图61

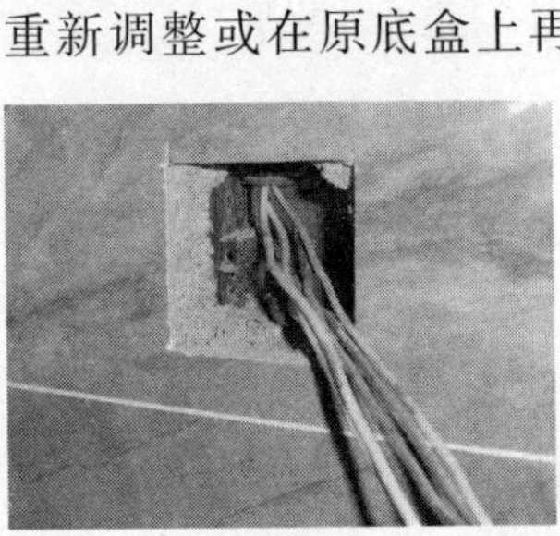

图61　底盒埋设过深，未进行调整

所示底盒埋设过深，未进行调整。图 62 所示底盒明显歪斜，安装不水平。

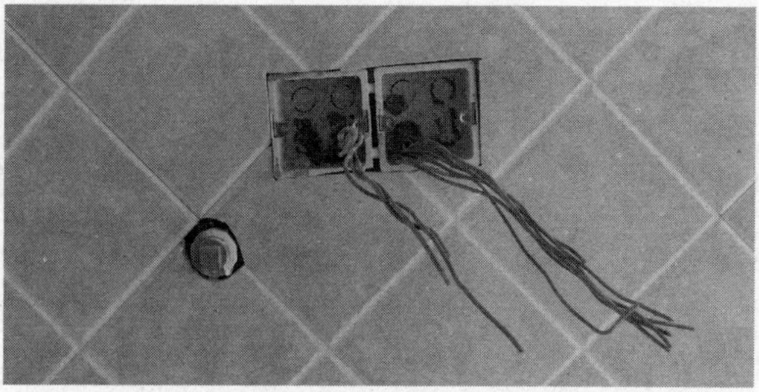

图 62 底盒明显歪斜，安装不水平

62. 如何穿带线铁丝?

当配电箱体、底盒和暗埋管子均布完成后，可将带线铁丝（也叫引线）穿好，并将管口封堵好，待泥工补完线槽，墙面刮完大白腻子灰或贴完饰面砖后即可进行管内穿线。

引线一般采用 $\phi1.2$ 的铁丝或钢丝，在引线一端绕一个小圆头（不封死），将其向着穿线方向，将钢丝或铁丝穿入管内，边穿边将钢丝或铁丝理顺直。如果不能一次穿过，可从另一端以同样方法将另一根引线穿入，在估计两根引线已达到相交距离时，用力转动引线，使两根引线在管内相互绞接在一起，钩紧后再抽出一端，将管路穿通。

63. 如何进行管内穿线?

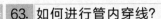

穿线前应根据设计图纸认真核对所穿绝缘导线的规格、型号，看是否有误，并用相对应电压等级的绝缘电阻摇表进行通断及绝缘摇测。穿线时，为减小导线与管壁的摩擦力，可在导线上抹少量的滑石粉进行润滑。穿线时两端工人应配合协调，一人在一端往管内送线，另一人在另一端用力拉线，两人动作需一致。放线时为不致使导线在管内曲折，应将导线置于放线架或放线绞车上，边穿边放边理顺直。不可随意丢在地上，这样容易将地面上的灰尘、杂物带入线管，并且也容易打绞曲折。穿线时应注意以下几点。

（1）同一交流回路的导线必须穿在同一根管内。

（2）不同回路、不同电压等级，交流与直流导线不得穿入同一管内。

（3）管内电线不得有接头。

64. 导线连接应满足什么条件?

导线相互连接（接头）时，应满足以下几个条件。

（1）接头后不能增加其电阻值。

（2）不能破坏或降低绝缘强度。

（3）受力导线不能降低原机械强度。

（4）连接处应加焊（锡焊）后用绝缘胶带包好。

65. 导线的绞合连接方法有哪些?

（1）单股导线绞合十字连接如图 63 所示。

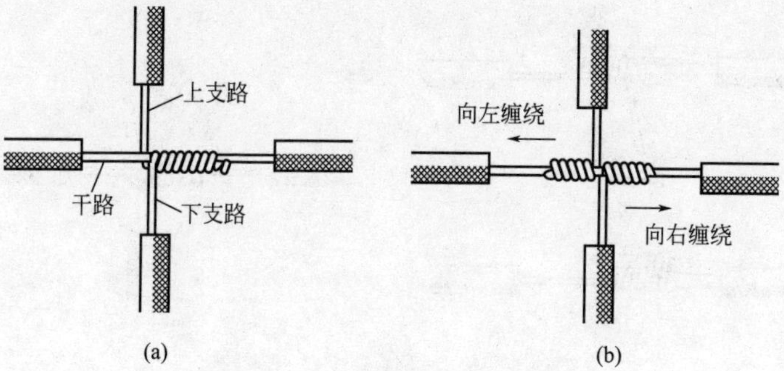

图 63　单股导线绞合十字连接

（2）单股导线绞合直连接如图 64 所示。

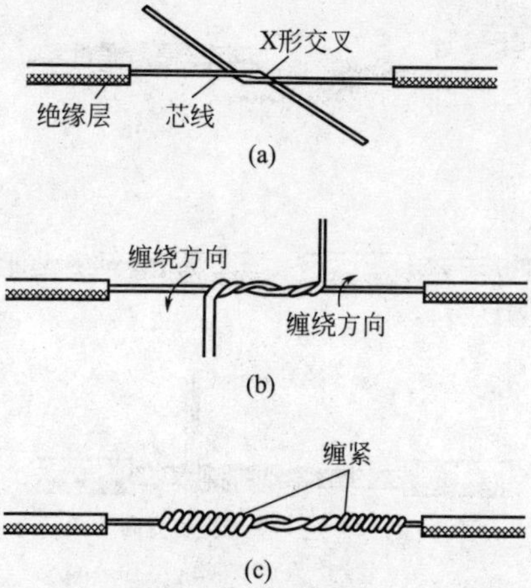

图 64　单股导线绞合直连接

（3）单股导线分支绞合连接如图 65 所示。

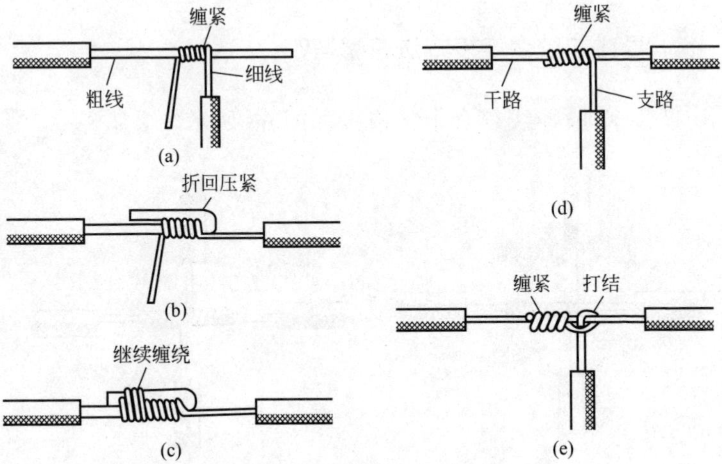

图 65　单股导线分支绞合连接

（4）多股导线绞合直接连接如图 66 所示。

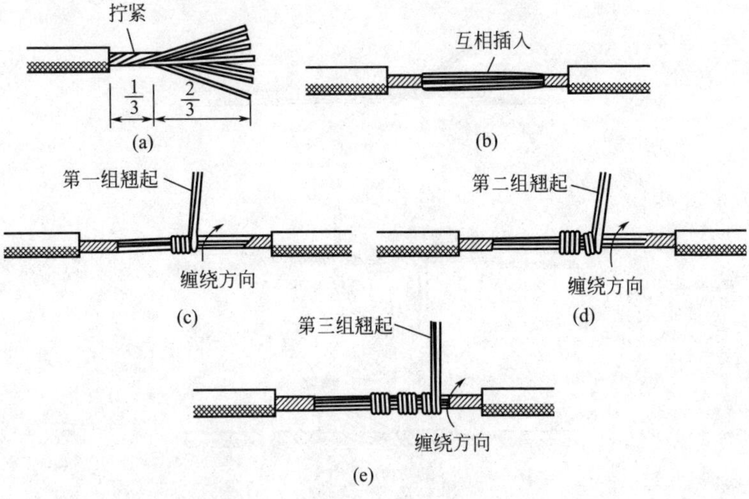

图 66　多股导线绞合直接连接

(5) 多股导线绞合分支连接如图 67 所示。

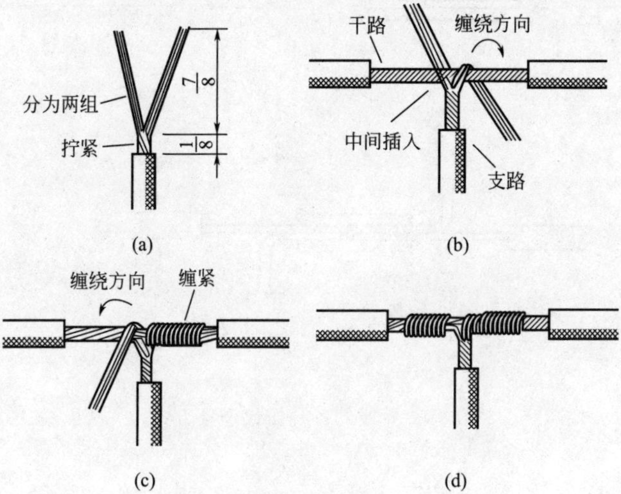

图 67 多股导线绞合分支连接

66. 导线的压接连接如何做?

导线的各种压接连接方式如图 68 所示。

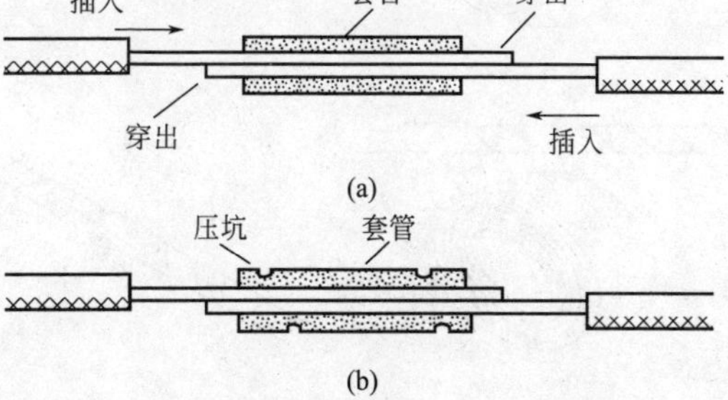

图 68

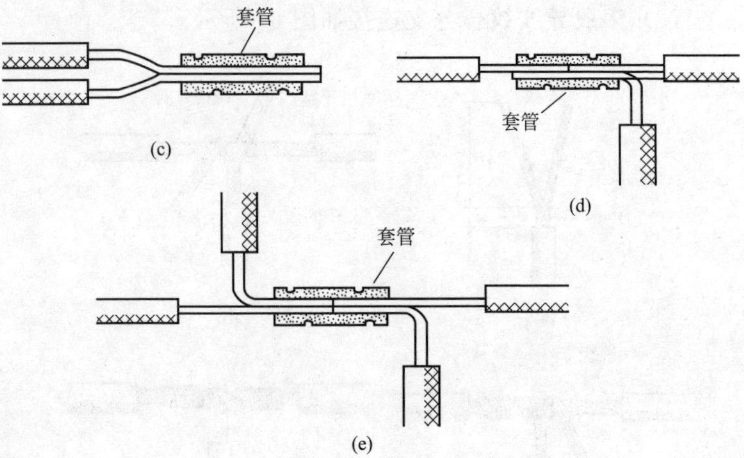

图 68　导线的各种压接连接方式

67. 一般导线接头的绝缘如何处理?

（1）直接头的绝缘处理如图 69 所示。

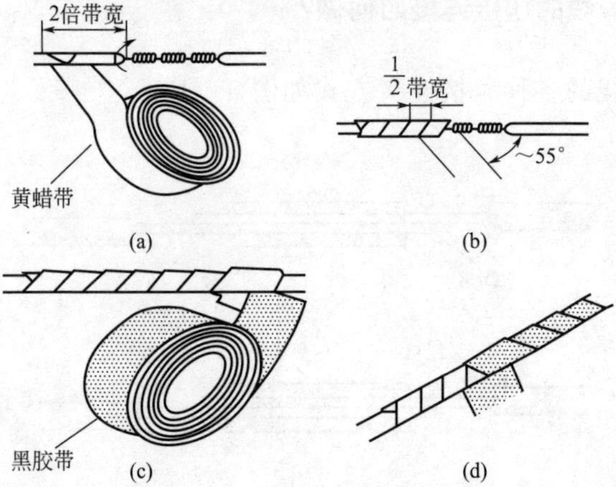

图 69　直接头的绝缘处理

（2）分支接头与十字接头的绝缘处理如图 70 所示。

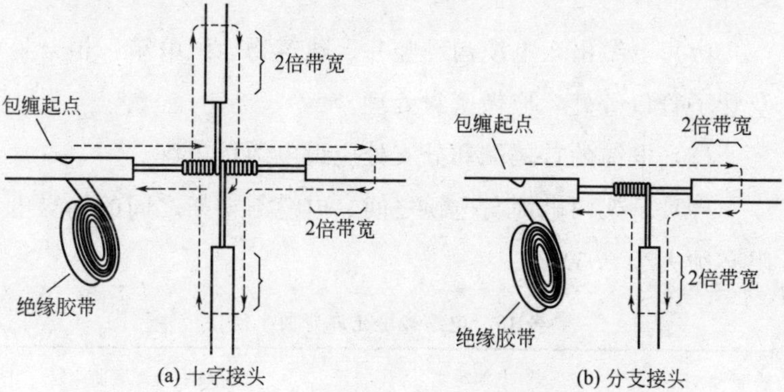

图 70　接头的绝缘处理

68. 电缆的敷设有哪些基本规定?

（1）电缆沿桥架敷时应排列整齐，不允许有严重交叉和绞拧现象。

（2）电缆敷设中严禁出现铠装压扁、护层断裂和表面严重划伤等缺陷。

（3）电缆敷中需要弯曲时，其最小允许弯曲半径应符合表 10 的要求。

（4）施放电缆时，电缆不得直接在桥内架拖拉，应经滑轮施放。

（5）在桥架内电力电缆的总截面（包括外护层）不应大于桥架有效横断面的 40%，控制电缆不应大于 50%。

（6）敷设于垂直桥架内的电缆，其固定间距应符合如下规定：电力电缆，全塑型≤1m，其余≤1.5m；控制电缆<1m。

（7）电缆出入电缆沟、竖井、建筑物、配电箱（柜）处及管子管口等处，应做密封处理。

（8）电缆的首尾端和分支处应设电缆标志牌。

（9）桥架内电缆与电缆之间、电缆与桥架之间的绝缘电阻必须大于0.5MΩ。

表10 电缆最小允许弯曲半径

序号	电缆种类	最小允许弯曲半径
1	无铅包钢铠护套的橡皮绝缘电力电缆	$10D$
2	有钢铠护套的橡皮绝缘电力电缆	$20D$
3	聚氯乙烯绝缘电力电缆	$10D$
4	交联聚氯乙烯绝缘电力电缆	$15D$
5	多芯控制电缆	$10D$

注：D为电缆外径。

69. 线槽配线对其材质有何要求?

线槽配线就是将导线放入线槽内的一种配线方式。在装饰装修工程中，常采用线槽配线。用于配线的线槽按材质分可分为金属线槽和塑料线模。其对不同材质的线槽要求如下。

（1）塑料线槽。PVC塑料线槽由难燃硬质聚氯乙烯工程塑料挤压成型，包括槽底、槽盖及附件。线槽内外应光滑无棱刺，无扭曲，无翘边等；氧指数不低于27%；敷设场所的环境温度不低于−15℃，并有定期检验质量证明和产品合格证。规格、型号符合设计要求。

（2）金属线槽。应采用经过镀锌处理的定型产品，其型号、规格应符合设计要求。线槽内外应光滑无棱刺，无扭曲，无翘边等，所采用的螺栓、螺母、平垫圈、弹簧垫圈等紧固件都应采用镀锌标准件。现场制作的金属支吊架、钢体件等应除锈，刷防锈底漆一道，调合漆两道。具有产品出产合格证及质量检验报告。

70. 照明线路和动力线路的最低绝缘电阻值要求是多少?

照明线路的绝缘电阻值不小于0.5MΩ，动力线路的绝缘电阻值不小于1.0MΩ。

71. 什么是绝缘摇表? 如何选用?

绝缘摇表又称兆欧表、高阻表等（见图71），用来测量大电阻和绝缘电阻，其计量单位是兆欧（MΩ）。

测量额定电压500V及以下的设备或线路的绝缘电阻时，应选用500V或1000V兆欧表，测量额定电压500V以上的设备或线路绝缘电阻时，应选用1000V～2500V兆欧表。

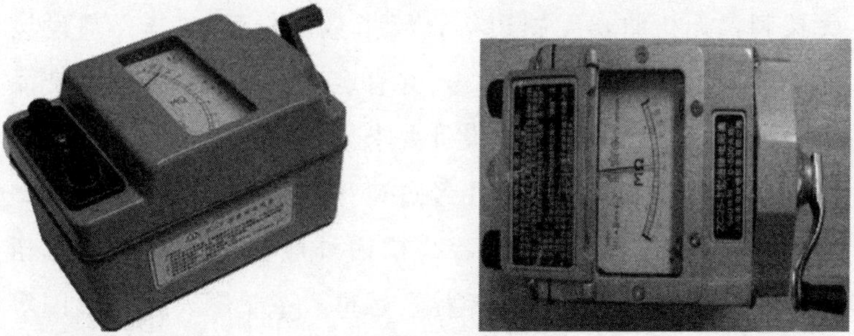

图 71　常用绝缘摇表

72. 如何摇测线路对地的绝缘电阻?

兆欧表有 3 个接线柱，其中两个较大的接线柱分别标有“接地”（E）和“线路”（L），另一个较小的接线柱上标有“保护环”或“屏蔽”（G）。

测量照明或电力线路对地绝缘电阻时，将兆欧表接线柱 E 可靠接地，接线柱 L 接到被测线路上。然后按顺时针方向摇动兆欧表摇把，转速由慢变快，一般约 1min（1 分钟）后转速稳定在 120r/min，而且指针稳定下来，这时指针指示的数值就是所测得的绝缘电阻（如图 72 所示）。

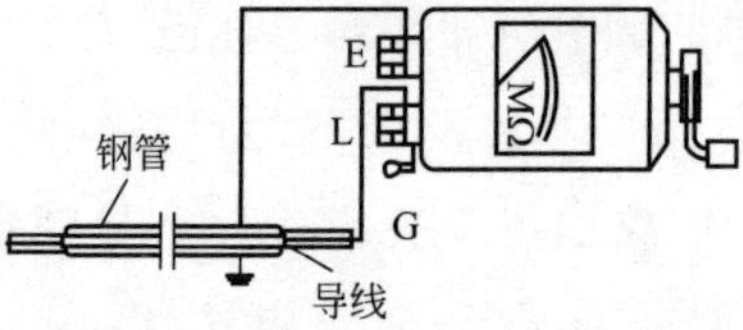

图 72　测量照明线路绝缘电阻

73. 如何摇测电缆绝缘电阻?

测量电缆线芯与电缆外壳的绝缘电阻时，除将被测两端分别接接线柱 E 和 L 外，还需将接线柱 G 用引线接到电缆外壳、芯之间的绝缘层上，然后按题 72 的方法测量（如图 73 所示）。

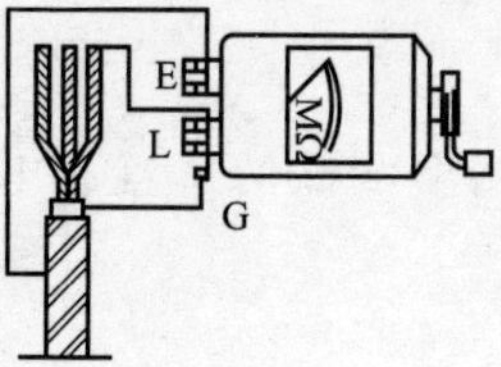

图 73 测量电缆绝缘电阻

74. 使用兆欧表应注意哪些事项?

（1）测量电气设备绝缘电阻时，必须先切断电源，然后将设备进行放电（如用导线将设备外壳与接地体短接），以保证人身安全和测量准确。

（2）测量时，兆欧表应放在水平位置。未接线前先转动兆欧表做开路试验，看指针是否指在∞处。再将接线柱 E 和 L 短接，慢慢摇动摇把，看指针是否指在 0 处。上述情况下若指针能指 0 和∞处，说明兆欧表是好的，可以使用。

（3）用兆欧表测量完后，应立即将被测设备放电。在兆欧表摇把未停止摇动和被测设备未放电前，不可用手触及设

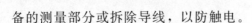

备的测量部分或拆除导线，以防触电。

75. 绝缘电阻的测试位置如何确定?

对三相五线制缆线要测试的位置有：(a) 相线与保护线之间 L1—PE、L2—PE、L3—PE；(b) 中性线与保护线之间 N—PE；(c) 相线与中性线之间 L1—N、L2—N、L3—N； (d) 相线之间 L1—L2、L1—L3、L2—L3，共十个位置。

对单相照明线路要测试的位置有 L—N、L—PE、N—PE，共三个位置。

四、开关、插座、低压电器、照明灯具安装技术

76. 什么是“CCC”认证?

3C 认证的全称为“强制性产品认证制度”，它是中国政府为保护消费者人身安全和国家安全、加强产品质量管理、依照法律法规实施的一种产品合格评定制度。所谓 3C 认证，就是中国强制性产品认证制度，英文名称 China Compulsory Certification，英文缩写 CCC，如图 74 所示。

需要注意的是，3C 标志并不是质量标志，而是一种最基础的安全认证。目前，中国公布的首批必须通过强制性认证的产品共有十九大类一百三十二种。主要包括电线电缆、低压电器、信息技术设备、安全玻璃、消防产品、机动车辆

轮胎、乳胶制品等。在装饰工程中严禁使用无 3C 认证的产品。

图 74 3C 认证

77. 如何正确安装开关、插座?

（1）接线 将盒内导线预留出维修长度后剪除余线，用剥线钳剥出适宜长度，以刚好能完全插入接线孔长度为宜。需分支并头连接的，应采用安全型压接帽压接分支。相线、零线及保护线（PE 线）应分色，接线时不得弄混。开关接相线，不能接零线。三孔型插座正对插座面板，按左零右火上 PE 方式接线。

（2）安装 按接线要求，将盒内导线与开关、插座的面板连接好后，将面板推入正对安装孔，用专用螺钉固定牢固，边固定边调整面板，使其端正并与墙面平齐，然后将螺钉孔装饰帽盖上。

（3）安装在装饰材料（木饰面墙板或软包上）的开关、插座与装饰材料间应设置隔热阻燃制品以达到防火要求。盖板与底盒相接处不能有夹木或夹纱现象。

图 75、图 76 所示不符合要求。

图 75　阻燃底盒未与装饰面板齐平，盖板将压在装饰板材上，不符合防火要求

图 76　阻燃底盒埋设过深，未起到隔热阻燃的作用，不符合《建筑设计防火规范》（GB 50016—2006）要求

78. 如正确安装配电箱（盘）?

配电箱（盘）安装应符合下列规定。

（1）位置正确，部件齐全，箱体开孔与导管管径适配，暗装配电箱箱盖紧贴墙面，箱体涂层完整。

（2）箱（盘）内接线整齐，回路编号齐全，标识正确。

（3）箱（盘）安装牢固，垂直度允许偏差为1.5‰。

（4）箱（盘）内开关动作灵活可靠，带有漏电保护的回路，漏电保护装置动作电流不大于30mA，动作时间不大于0.1s。

（5）箱（盘）内分别设置零线（N）和保护地线（PE线）汇流排，零线和保护线经汇流排配出。

图77、图78所示为符合要求的配电箱。

图77 明装动力配电箱内元器件排列有序，标识清晰

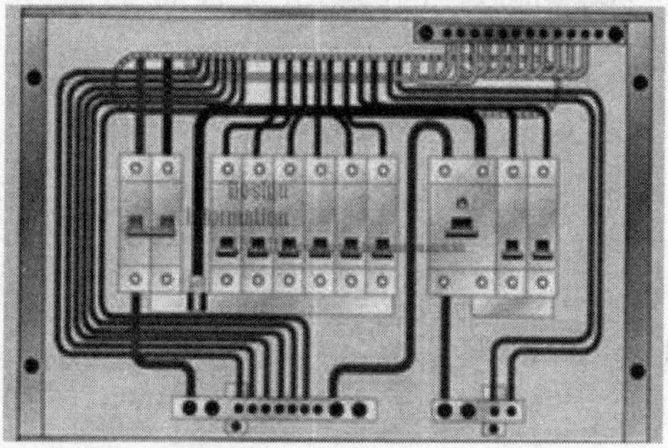

图78 暗装照明箱内接线整齐，排列有序

79. 什么是低压电器?

低压电器通常指用于交流50Hz、额定电压为1200V及以下，直流额定电压为1500V及以下的电路内起通断、保护、控制或调节作用的电器。低压电器在工农业生产和人们的日常生活中有着非常广泛的应用，低压电器的特点是品种多、用量大、用途广。

80. 什么是断路器? 它有哪些用途?

断路器又称为自动开关，是指能接通、承载及分断正常电路条件下的电流，也能在规定的非正常电路条件（如短路）下接通、承载一定时间和分断电流的一种机械开关电器。按规定条件，对配电电路、电动机或其他用电设备实行通断操作并起保护作用，即当电路内出现过载、短路或欠电压等情况时能自动分断电路的开关电器。

通俗地讲，断路器是一种可以自动切断故障线路的保护开关，它既可用来接通和分断正常的负载电流、电动机的工作电流和过载电流，也可用来接通和分断短路电流，在正常情况下还可以用于不频繁地接通和断开电路及控制电动机的启动和停止。

断路器具有动作值可调整，兼具过载和保护两种功能，安装方便、分断能力强，特别是在分断故障电流后一般不需要更换零部件，因此应用非常广泛。

81. 装修工程中常用塑料外壳断路器的结构有什么特点?

常用塑料外壳断路器的结构主要由塑料外壳、操作机构、触头系统、灭弧系统、脱扣机构等组成。外壳采用高阻燃、高强度塑料压制。操作系统的零件也采用高强度塑料，在确保灵敏、可靠的同时获得了最低的转动惯量，使断路故障开始到脱扣机构动作的时间极短。脱扣机构由双金属片过载反时限脱扣机构和短路瞬动电磁机构组成。灭弧系统设计有特殊的导弧角和过道灭弧室。断开能力高，脱扣迅速，还具有良好的限流特性。图 79 为常用小型断路器。

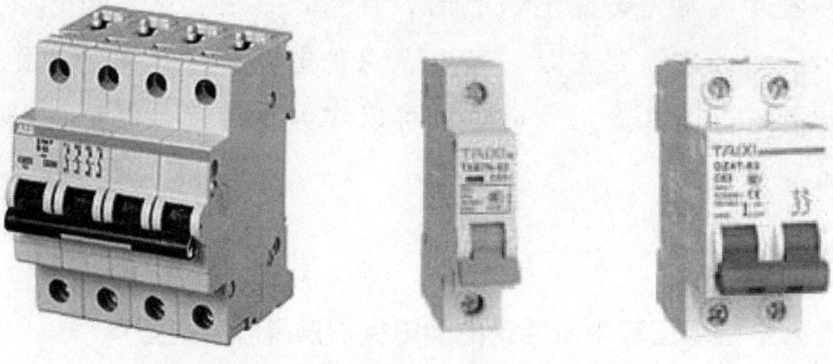

(a)　(b)　(c)

图 79　常用小型断路器

该系列断路器最先是我国引进法国梅兰日兰公司技术制

造的产品，国内型号为 DZ47，它是一种小型断路器，适用于交流 50Hz 或 60Hz，额定工作电压为单相 240V、三相 415 V 及以下的电路中，作为照明配电系统或电动机动力配电系统和线路的过载与短路保护，也在正常情况下不频繁地通断电器装置和照明线路。

82. 什么是漏电保护电器？

漏电保护电器（通称漏电保护器）是在规定的条件下，当漏电电流达到或超过给定值时，能自动断开电路的机械开关电器或组合电器。

漏电保护器的功能是，当电压电网发生人身（相与地之间）触电或设备（对地）漏电时，能迅速地切断电源，可以使触电者脱离危险或使漏电设备停止运行，从而可以避免因触电、漏电引起的人身伤亡事故、设备损坏以及火灾的发生，它是一种安全保护电器。当其额定动作电流在 30mA 及以下时，也可以作为直接接触保护的补充保护。

83. 装修工程中所使用的漏电保护器是哪种类型？

装修工程的照明、生活电路中常用的是电流动作型的漏电保护器（又称漏电开关）。电流动作型漏电保护器是以检测漏电、触电电流信号为基本工作原理的。其检测元件是零序电流互感器。该保护器可以方便地装设在电网的任何地方，而又不改变电网的运行特性，性能优越、动作可靠，不易损坏，是目前普遍推广使用的漏电保护器。

电流动作型漏电保护器又称剩余电流（漏电）保护器、漏电电流动作保护器、差分电流动作保护器或接地故障保护器等。图 80 为常用漏电保护开关。

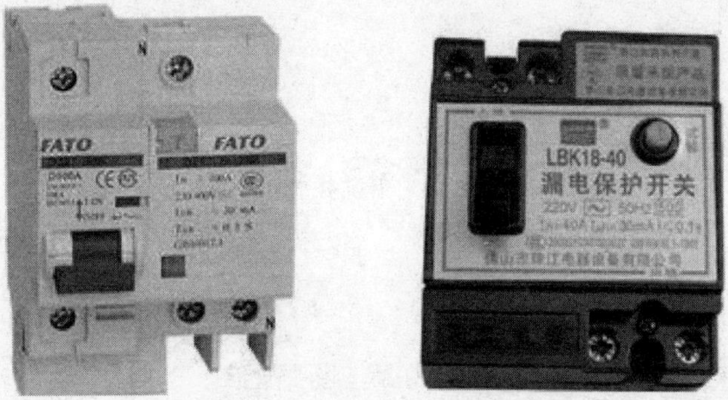

(a)　　(b)

图 80　常用漏电保护开关

84. 漏电保护器如何正确接线?

家用照明线路中常用单极二线漏电保护器，接线时有一根直接穿过漏电电流检测互感器而不能断开的中性线（零线）。其接线示意图如图 81 所示。

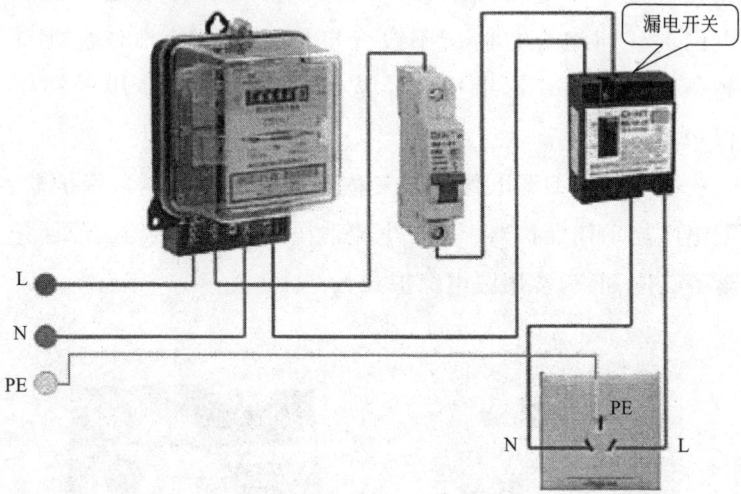

图 81 漏电开关接线示意图

85. 家装时如何选用导线保护断路器?

家装中的照明、生活用导线保护断路器，是指用来保护配电系统的断路器。由于被保护的线路容量一般都不大，故多采用塑料外壳断路器。其选用原则如下。

（1）长延时整定值不大于线路计算负载电流。

（2）瞬时动作整定值为 6～20 倍线路计算负载电流。

86. 电度表的常用规格有哪些?

电度表的规格以额定电流值分档，有功电度表的常用规格有 3A、5A、10A、25A、50A、75A、100A 等。为扩大量程，可配以电流互感器和电压互感器。电度表的接线有直接式和间接式两种。直接式一般用于电流较小的线路，间接式经电流互感器、电压互感器接入，用于电流较大电压较高的电路。对于低压供电，负载电流为 50A 及以下时宜采用直接接入，50A 以上时宜采用电流互感器间接接入，其实际电能的消耗，应为电度表的读数乘以电流互感器的变比。

87. 单相电度表如何正确接线?

单相电表的正确接线如图 82 所示。

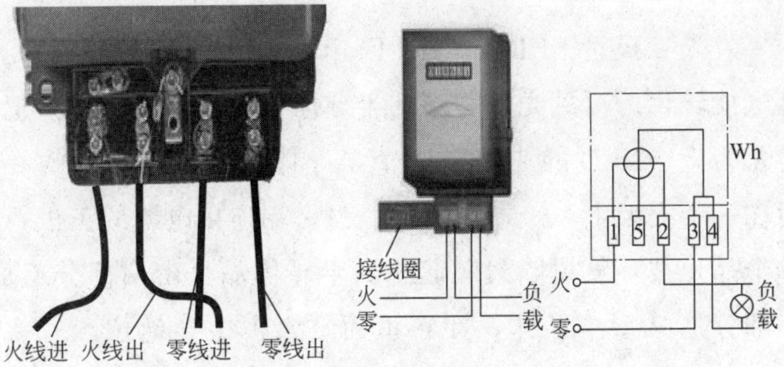

图 82　单项电表的正确接线

88. 单联双控开关如何正确接线?

有双控要求（不同地方的两个开关控制一盏灯）的开

关，两个开关之间的连接线要接在开关的静触头上。在配管穿线时，两边开关进出均为三根线，一边开关若是一根相线进去两根连接线出来，另一边应为一根开关线出来两根连接线进去。图83所示为单联双控开关接线示意。

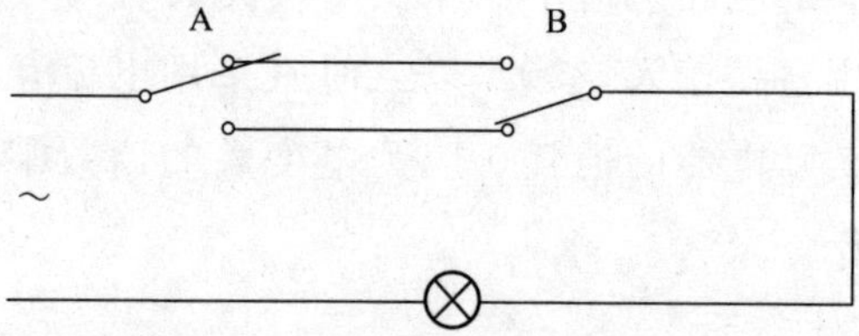

图83 单联双控开关接线示意

89. LED灯是怎样发光的?

发光二极管LED（Light Emitting Diode），是一种能够将电能转化为可见光的固态的半导体器件，它可以直接把电转化为光。LED的心脏是一个半导体的晶片，晶片的一端附在一个支架上，一端是负极，另一端连接电源的正极，使整个晶片被环氧树脂封装起来。半导体晶片由两部分组成，一部分是P型半导体，在它里面空穴占主导地位，另一端是N型半导体，在这边主要是电子。但这两种半导体连接起来的时候，它们之间就形成一个P-N结。当电流通过导线作用于这个晶片的时候，电子就会被推向P区，在P区里电子跟空穴复合，然后就会以光子的形式发出能量，这就是LED灯发光的原理。而光的波长也就是光的颜色，是由形成 P-N 结的材料决定的。

90. LED 光源的特点有哪些？

（1）节能。白光 LED 的能耗仅为白炽灯的 1/10，节能灯的 1/4。

（2）长寿。寿命可达 10 万小时以上，对普通家庭照明可谓“一劳永逸”。

（3）可以工作在高速状态。如果频繁地启动或关断，节能灯灯丝就会发黑，很快坏掉，所以 LED 更加安全。

（4）固态封装，属于冷光源类型。所以很方便运输和安装，可以被装置在任何微型和封闭的设备中，不怕振动，基本上不用考虑散热。

（5）LED 技术正日新月异地在进步，它的发光效率正在取得惊人的突破，价格也在不断地降低。一个白光 LED 进入家庭的时代正在迅速到来。

（6）绿色环保，没有铅汞等有害物质。LED 灯泡的组装部件可以非常容易地拆装，不用厂家回收，可以通过其他渠道回收，对环境没有任何污染。

（7）配光技术使 LED 点光源扩展为面光源，增大发光面，消除眩光，提升视觉效果，消除视觉疲劳。

（8）透镜与灯罩一体化设计。透镜同时具备聚光与防护作用，避免了光的重复浪费，让产品更加简洁美观。

（9）大功率 LED 平面集群封装，及散热器与灯座一体化设计。充分保障了 LED 散热要求及使用寿命，从根本上满足了 LED 灯具结构及造型的任意设计，极具 LED 灯具的鲜明特色。

(10) 节能显著。采用超高亮大功率 LED 光源，配合高效率电源，比传统白炽灯节电 80%以上，相同功率下亮度是白炽灯的 10 倍。

(11) 超长寿命，寿命达 50,000 小时以上，是传统钨丝灯的 50 倍以上。LED 采用高可靠的先进封装工艺——共晶焊，充分保障 LED 的超长寿命。

(12) 无频闪。纯直流工作，消除了传统光源频闪引起的视觉疲劳。

(13) 耐冲击，抗雷力强，无紫外线（UV）和红外线（IR）辐射。无灯丝及玻璃外壳，没有传统灯管碎裂问题，对人体无伤害、无辐射。

(14) 宽电压范围，全球通用 LED 灯。85V～264VAC 全电压范围恒流，保证寿命及亮度不受电压波动影响。

(15) 采用 PWM 恒流技术，效率高，热量低，恒流精度高。

(16) 降低线路损耗，对电网无污染。功率因数不小于 0.9，谐波失真不大于 20%，EMI 符合全球指标，降低了供电线路的电能损耗和避免了对电网的高频干扰污染。

(17) 通用标准灯头，可直接替换现有卤素灯、白炽灯、荧光灯；

(18) 发光视效能率高达 80lm/W，多种 LED 灯色温可选，显色指数高，显色性好。

图 84 为各种 LED 光源。

图 84　各种 LED 光源

91. 如何确定住宅的照明功率密度值?

居住建筑每户照明功率密度值不宜大于表11的规定。

表11 居住建筑每户照明功率密度值

房间或场所	照明功率密度/(W/m^2)		对应照度值/lx
	现行值	目标值	
起居室	7	6	100
卧 室			75
餐 厅			150
厨 房			100
卫生间			100

当房间或场所的照度值高于或低于本表规定的对应照度值时，其照明功率密度值应按比例提高或折减。

92. 住宅照明用电设计有哪些要求?

住宅分户配电箱内应配置有过电流保护的照明供电回路、一般电源插座回路、空调插座回路、电炊具及电热水器等专用电源插座回路。厨房电源插座和卫生间电源插座不宜同一回路。

除壁挂式空调器的电源插座回路外，其他电源插座回路均应设置剩余电流（漏电）保护器。

住宅内电热水器、柜式空调宜选用三孔 15A 插座；壁式空调、排油烟机宜选用三孔 10A 插座；其他选用二、三孔 10A 插座；洗衣机插座、空调及电热水器插座宜选用带开关控制的插座；厨房、卫生间应选用防溅水型插座。

照明系统中的每一单相分支回路电流不宜超过 16A，光源数量不宜超过 25 个；大型建筑组合灯具每一单相回路电流不宜超过 25A，光源数量不宜超过 60 个（当采用 LED 光源时除外）。

当插座为单独回路时，每一回路插座数量不宜超过 10 个（组）；用于计算机电源的插座数量不宜超过 5 个（组），并应采用 A 型剩余电流动作保护装置。

93. 装修中照明线路布线有何规律？

照明线路的布线按以下方式来做，可以方便线路查找和各回路并线。

零线进灯头、火线进开关、开关线出来、与零灯头伴。

所谓零线进灯头，指在装修中照明线路的零线（含 PE 线）应尽量走在吊顶或顶板内，各灯具的零线（含 PE 线）都应在灯头接线盒内并接。

火线进开关，表明开关只能断火线，不能断零线。从开关出来的应是开关线（或控制线），出来后到灯头与用电设备相接。

94. 卫生间内的局部等电位（LEB）端子板起何作用?

卫生间内局部等电位端子板将下列部分相互连通：卫生间内金属给水、排水管，金属浴盆、金属采暖管、进入卫生间内的 PE 线以及建筑物钢筋网。其目的是降低建筑物内间接接触电击的接触电压和不同金属部件间的电位差，并消除自建筑物外经电气线路和各种金属管道引入的危险故障电压的危害，可看做是除了设置漏电保护装置外的第二种防止电击伤害的有效措施。图 85 所示为局部等电位端子箱。

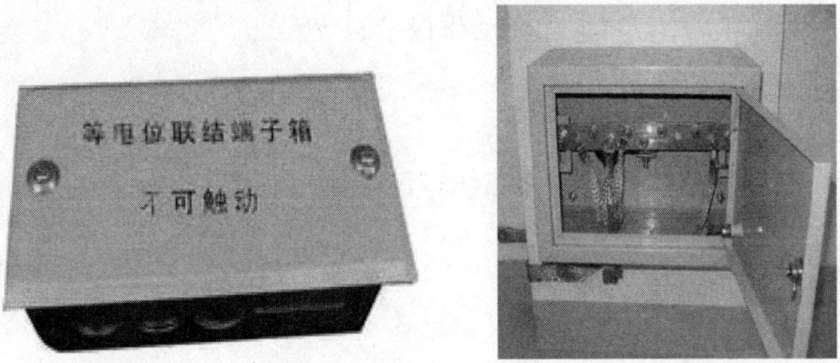

图 85　局部等电位端子箱

95. 局部等电位如何联接?

局部等电位的联接施工，应与卫生间给水排水及电气工程施工同步进行。按《建筑电气工程施工质量验收规范》

(GB 50303—2002) 要求，其等电位的联接导线应采用≥BVR—1×4mm²的导线在地面或墙内穿管暗埋，其接线示意如图 86 所示。

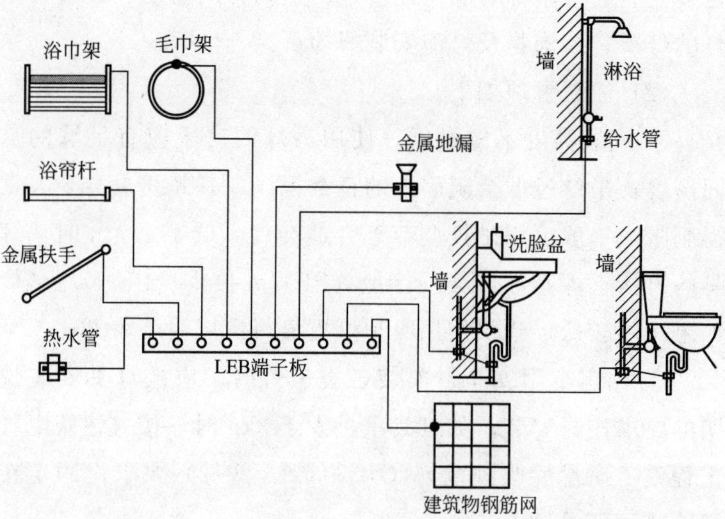

图 86　局部等电位接线示意

96. 装饰吊灯安装应注意什么问题?

吊灯是在室内天花板上使用的高级装饰用照明灯，其大气高贵的造型能彰显房间的富丽堂皇，因此在许多装修工程中经常被用到，但其安装较之其他灯具要复杂得多。

(1) 安装方法如下。

① 固定吊灯。固定吊灯首先要在顶板上画出钻孔点，使用冲击钻打孔，将膨胀螺栓打进孔内，然后将与灯具配套

的金属挂板或吊钩固定在顶棚上，再连接吊灯底座，使底座安装牢固。

② 连接吊灯。将电源线连接好，外露铜线用绝缘胶布包裹。然后将吊杆与底座连接，调整到合适高度。最后将吊灯的灯罩、装饰物及灯泡安装好即可。

(2) 注意事项如下。

① 安装高度不能过低。使用吊灯的房子应有足够的空间高度，吊灯过低会阻碍人的正常视线，其光线也会令人觉得刺眼，一般可用吊杆调节到合适高度。低于2.4m时，灯具的可接近裸露导体必须接地（PE）或接零（PEN）可靠。如果房屋较低，建议使用吸顶灯更显得房屋明亮大方。

② 固定牢固安全。安装各类吊灯时，应按灯具安装说明的要求进行安装。如灯具重量大于3kg时，按《建筑电气工程施工质量验收规范》（GB 50303—2002）要求应固定在螺栓或预埋吊钩上。

③ 大型吊灯应做过载试验。大型花灯吊钩圆钢直径不应小于灯具挂销直径，且不应小于6mm。大型花灯的固定及悬吊装置，应按灯具重量的2倍做过载试验。

图87为各种装饰吊灯。

97. 安装射灯应注意什么问题？

射灯是一种安装在较小空间的局部照明灯，由于它可以生产较强的光源，常用来突出室内某一局部装饰物，还可以增加立体感，营造出特别的气氛。

(a)

(b)

(c)

(d)

图 87　各种装饰吊灯

（1）安装方法如下。

① 灯位开孔。射灯的安装方法主要是嵌入式安装（也有轨道式安装），安装时与装修配合在天花板上开好孔，预留出射灯灯孔。

② 电源连接及安装。在射灯灯孔处装上底座，拉出电

线连接线头，并做好绝缘处理，最后安装射灯灯杯部分。

(2) 安装注意事项如下。

① 变压器的安装。射灯一般均带有变压器，其变压器宜独立固定安装，在其顶部应留有空间用于散热，靠近可燃物时其周边应垫有隔热阻燃材料。

② 可靠接地或接零。房间高度低于2.4m时，灯具的可接近裸露导体必须接地（PE）或接零（PEN）可靠。连接灯具的绝缘导线应采用金属软管（或阻燃PVC软管）保护。

图88为各种射灯。

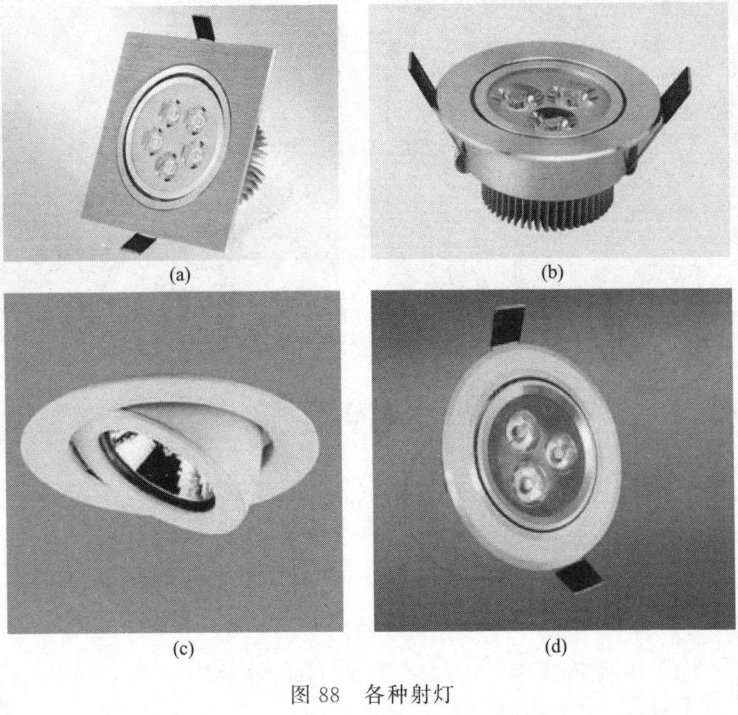

(a)　(b)　(c)　(d)

图88　各种射灯

98. 什么是应急照明?

应急照明包括备用照明、疏散照明和安全照明。其电源采用双电源回路供电，除正常电源外，还有另一路电源（备用电源）供电，正常电源断电后，备用电源应能在设定时间内向应急照明灯供电，使之点亮。

应急照明在正常电源断电后，其电源转换时间应满足以下条件。

疏散照明电源转换时间⩽15s；

备用照明电源转换时间⩽15s（金融商业交易场所⩽1. 5s）

安全照明电源转换时间⩽0. 5s。

图 89 为各种应急照明灯。

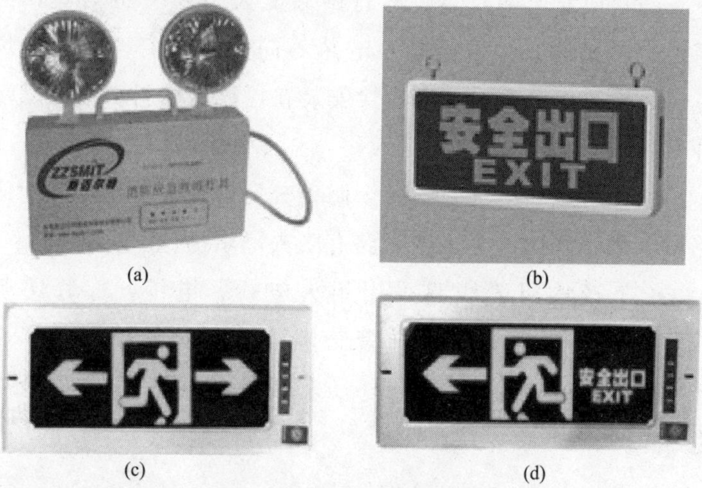

图 89　常用应急照明灯

99. 安装应急照明灯有何要求?

安装应急照明灯应符合下列规定。

(1) 疏散照明由安全出口标志灯和疏散标志灯组成。安全出口标志灯距地高度不低于 2m，且安装在疏散出口和楼梯口里侧的上方。

(2) 疏散标志灯安装在安全出口的顶部，楼梯间、疏散走道及其转角处应安装在 1m 以下的墙面上。不易安装的部位可安装在上部。疏散通道上的标志灯间距不大于 20m（人防工程不大于 10m)。

(3) 疏散标志灯的设置不影响正常通行，且不在其周围设置容易混同疏散标志灯的其他标志牌等。

(4) 应急照明灯具、运行中温度大于 60℃的灯具，当靠近可燃物时，采取隔热、散热等防火措施。当采用白炽灯、卤钨灯等光源时，不直接安装在可燃装修材料或可燃物件上。

(5) 应急照明线路在每个防火分区有独立的应急照明回路，穿越不同防火分区的线路有防火隔堵措施。

(6) 疏散照明线路采用耐火电线、电缆，穿管明敷或在非燃烧体内穿钢性导管暗敷，暗敷保护层厚度不小于 30mm。电线采用额定电压不低于 750V 的铜芯绝缘电线。

五、火灾报警装置安装技术

100. 火灾自动报警系统是如何组成的?

火灾自动报警系统在智能建筑中通常被作为智能建筑三大体系中的BAS（建筑设备管理系统）的一个非常重要的独立的子系统。整个系统的动作，既能通过建筑物中智能系统的综合网络结构来实现，又可以在完全摆脱其他系统或网络的情况下独立工作。

火灾自动报警系统由火灾探测器、区域报警器、集中报警器、电源、联动装置、报警装置等组成，如图90所示。

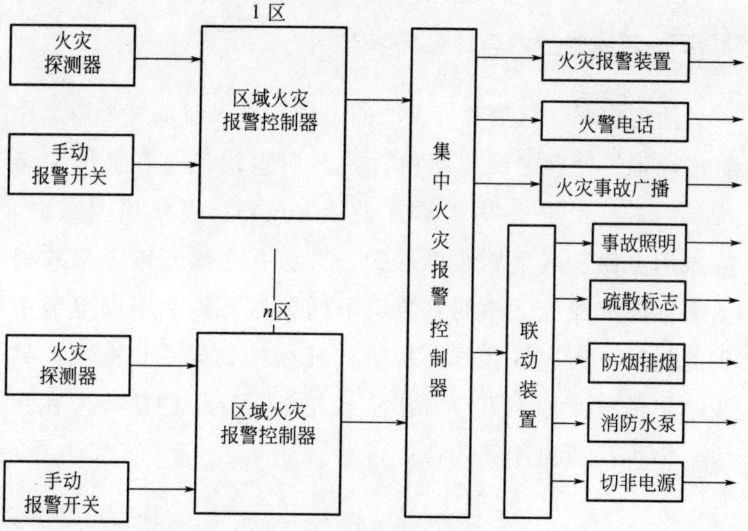

图90　集中报警控制系统示意

101. 火灾自动报警系统的安装有什么要求?

火灾报警与消防联动控制系统施工应按经过公安消防部门审批的设计图纸进行，不得随意更改。施工前熟悉设备布置平面图、接线图、安装图、系统图及设备随机文件。竣工时施工单位应提交竣工图、设备开箱记录、消防产品流向证明书、产品合格证及身份识别证、检验报告、调试报告、设计变更记录等。系统安装步骤如下：确定设备位置——配管配线——设备安装、接线——联动调试——竣工验收。

102. 对线路敷设有什么要求?

消防控制、通信和报警线路采用暗敷设时，宜采用金属管或经阻燃处理的硬质塑料管，并应敷设在不燃烧体的结构层内，且保护层厚度不宜小于30mm。当采用明敷时，应采用金属管或金属线槽保护，并应在金属管或金属线槽上采取防火措施。不同系统、不同电压等级、不同电流类别的线路，不应穿在同一根管内或线槽的同一槽孔内。导线在管内或线槽内不应有接头或扭结，导线的接头应在接线盒内焊接或用端子连接。

103. 火灾探测器如何分类?

火灾探测器是整个报警系统的检测元件，能对火灾信息作出响应，并将火灾信号转变为电信号，传输到火灾报警控制器。火灾探测器按其被测参数（烟雾、高温、火光、可燃气体）分为4种基本类型。二次装修中常用的是感烟火灾探测器（俗称烟感）和感温火灾探测器（俗称温感）。

104. 感烟火灾探测器是如何工作的?

感烟火灾探测器利用火灾发生时产生的大量烟雾，通过烟雾敏感元件检测并发出报警信号，常用的有离子式和光电式，离子式又可分为点型和线型。

离子式感烟火灾探测器利用火灾时烟雾进入离子感烟探测器的电离室，烟雾吸收电子，使电离室的电流及电位发生变化，引起开关电路动作，发生报警信号。光电式感烟火灾探测器利用烟雾对光线的遮挡，使光线减弱，光电元件产生动作电流使电路动作报警。

图91所示为感烟火灾探测器。

图91　感烟火灾探测器

105. 感温火灾探测器是如何工作的?

感温火灾探测器利用火灾时周围气温急剧升高，通过温度敏感元件使电路动作报警。感温火灾探测器按工作原理分有差温式、定温式等。差温式感温火灾探测器利用空气热膨胀原理，当火灾产生的热气流使气室内的空气受热迅速膨胀，产生的压力使弹性敏感元件——膜片向上鼓起，使电气触点闭合，发出报警信号。另外，当环境温度上升至 (70±5)℃时，易熔合金熔化，金属弹片弹起，推动膜片使电气触点闭合。定温火灾探测器利用双金属片热膨胀弯曲原理，当环境温度升高到定温值时，双金属片热膨胀弯曲，推动触点闭合，发出报警信号。

图 92 所示为感温火灾探测器。

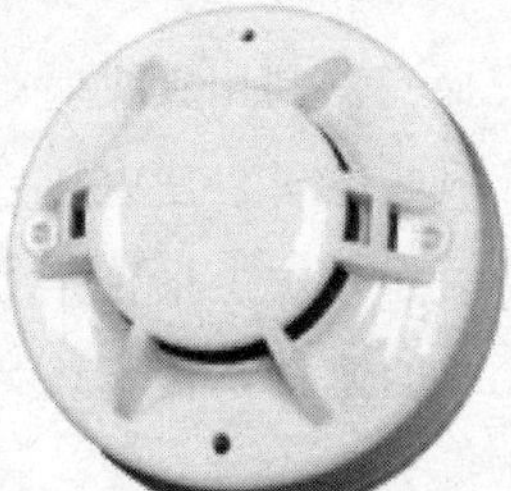

图 92　感温火灾探测器

106. 如何正确安装探测器?

安装火灾探测器时，要按施工图所设计的位置现场画线定位。二次装修在吊顶上安装时，要注意纵横成排对称，且在探测器周围0.5m内不应有遮挡物。如遇灯具、百叶风口、散流器等挡道，确需移动火灾探测器位置时，应与设计单位联系，进行设计修改，以确保不超出火灾探测器的保护范围。从吊顶上方接线盒、金属线槽处引到探测器的导线应加金属软管保护，且金属软管的长度不宜超过2m。

107.《火灾自动报警系统施工及验收规范》(GB 50166—2007)对探测器安装有哪些要求?

点型感温、感烟火灾探测器的安装，应符合下列要求。

(1) 探测器至墙壁、梁边的水平距离，不应小于0.5m。

(2) 探测器周围水平距离0.5m内不应有遮挡物。

(3) 探测器至空调送风口最近边的水平距离，不应小于1.5m；至多孔送风顶棚孔口的水平距离，不应小于0.5m。

(4) 在宽度小于3m的内走道顶棚上安装探测器时，宜居中安装。点型感温火灾探测器的安装间距，不应超过10m；点型感烟火灾探测器的安装间距，不应超过15m。探测器至端墙的距离，不应大于安装间距的一半。

(5) 探测器宜居水平安装，当确需倾斜安装时，倾斜角不应大于45°。

108. 火灾探测器与报警控制器如何连接?

探测器与报警控制器连接之前，应按产品说明书的规定，按层或区域事先进行编码分类。目前火灾探测器与报警控制器的接线方式均采用二总线制，其中一根为公共地线（俗称G线），一根为信号线（俗称X线），X线完成供电、选址、自检、获取信息等功能。二总线系统常用的有树枝型接线和环型接线，树枝型接线方式应用较多，一旦发生断线，可显示断线故障点，但断线点之后的探测器不能工作，可靠性较差；环型接线要求两根总线构成环状，一旦中间发生断线，不影响系统正常工作，可靠性较高。

109. 火灾时如何联动控制消火栓系统?

设有消火栓启泵按钮的消火栓系统，其消防联动控制要求如下。

（1）消火栓按钮控制回路应采用50V以下的安全电压。

（2）向消防控制室发送消火栓工作信号和起动消防水泵。

（3）消防控制室内消防控制设备对室内消火栓系统应有下列控制、显示功能：

（a）控制消防水泵的启动、停止。

（b）显示消防水泵的工作、故障状态。

（c）显示启泵按钮位置，当有困难时可按防火分区或楼层显示。

其联动控制原理如图93所示。

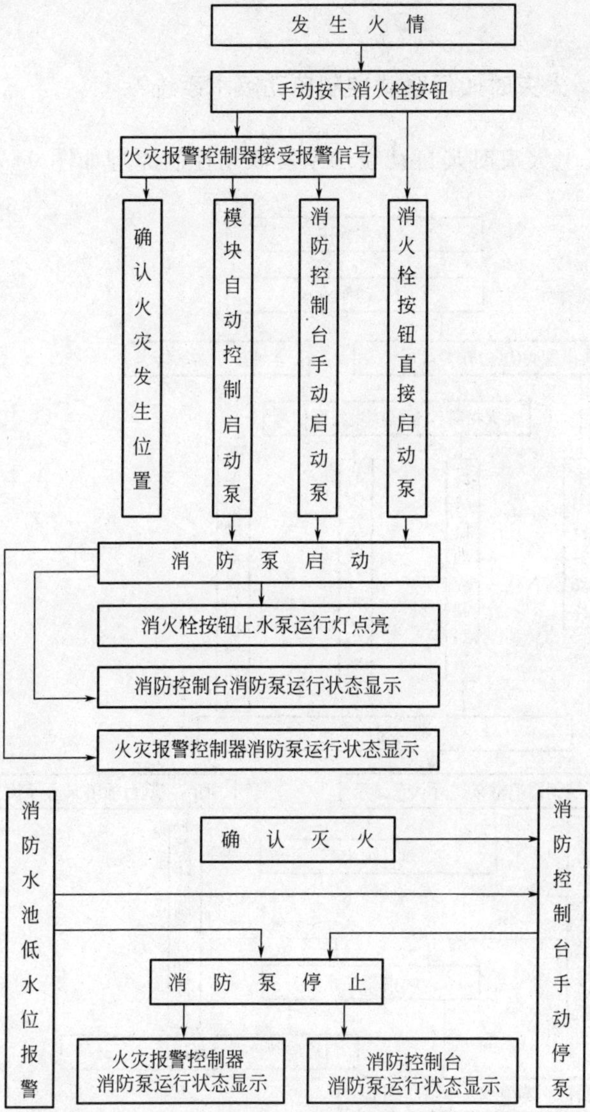

图 93　消火栓系统联动控制原理

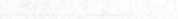

110. 火灾时如何联动控制自动喷水系统?

发生火灾时其自动喷水系统联动控制原理如图 94 所示。

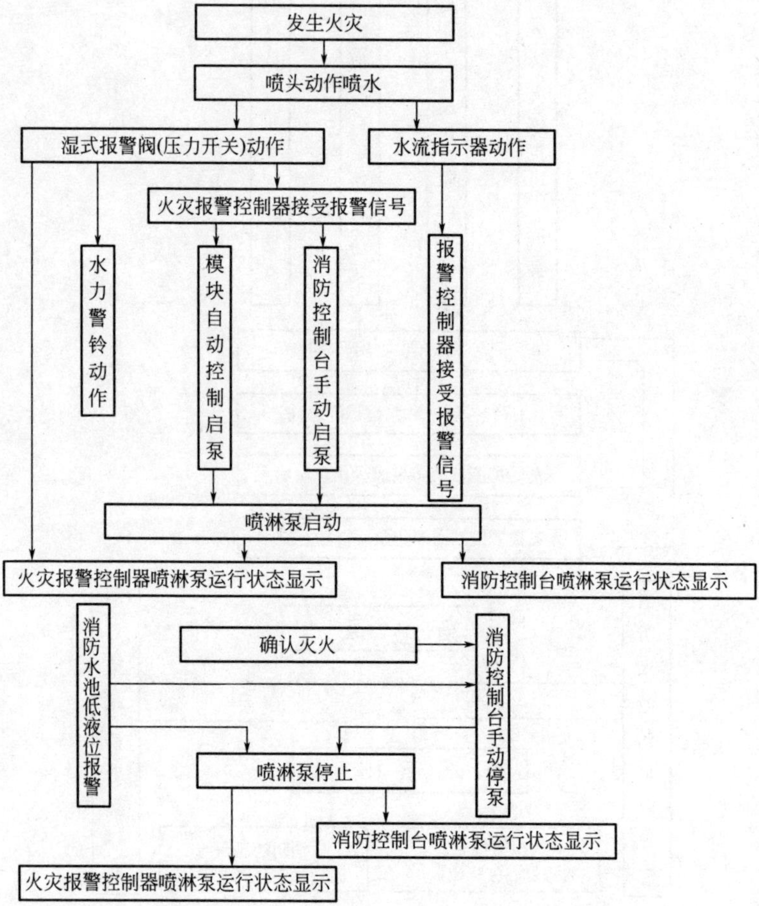

图 94　自动喷水系统联动控制原理

111. 火灾时如何联动切除非消防电源?

火灾确认后，应能在消防控制室切断有关部位的非消防电源，非消防电源包括一般动力负荷和普通照明负荷等。并接通报警装置及火灾应急照明灯和疏散指示灯。

112. 什么是阻燃电缆（线）?

阻燃电缆（线）的主要特点是不易着火或着火后延燃仅局限在一定的范围内。通常在电缆（线）型号前加上“ZR—”区别于其他缆线。在消防应急照明回路中用得较多。

113. 什么是耐火电缆（线）?

耐火电缆（线）的技术性能是：在750～800℃的火焰下燃烧3h，且在额定电压下不击穿。它适合于在电缆（线）着火以后，需要保持一段时间继续运行的场合。通常在电缆（线）型号前加上“NH—”区别于其他缆线。在消防电气工程中主要用于主供电干线中。

114. 什么叫双绞电源线?

双绞电源线又叫对绞线，是在电气工程中常用的一种传输介质。当把两根绝缘的铜线按一定密度相互绞在一起时，可降低电信号干扰的程度，每一根导线传输中辐射出来的电波会被另一根导线上发出的电波抵消。在消防工程中双绞线多用于信号的二总线。

115. 什么是应急电源?

应急电源是用于应急供电系统组成部分的电源。可用做应急电源的电源有：独立于正常电源的发电机组；供电网络中独立于正常电源的专用馈线线路；蓄电池；干电池及 UPS 电源。

116. 什么是手动报警按钮?

手动报警按钮是由现场人工确认火灾后，手输入报警信号的装置。有的手动报警按钮内装置有手报输入模块，其作用是与火灾报警控制器之间完成地址及状态信息编码与译码的二总线通信。如图 95 所示。

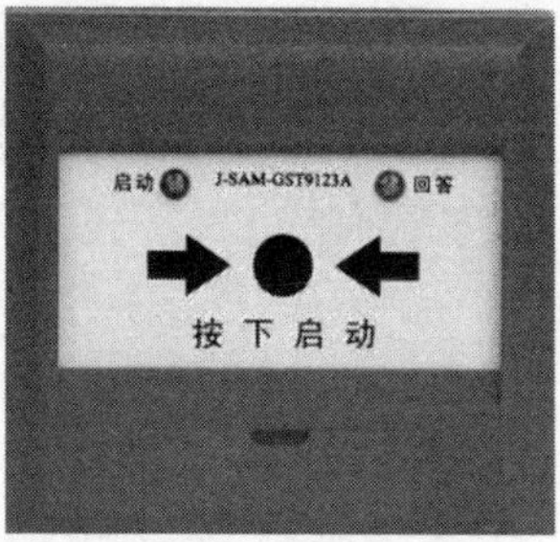

图 95　手动报警按钮

117. 什么是消火栓按钮?

消火栓按钮与手动报警按钮一样，是由现场人工确认火灾后，手输入报警信号的装置。消火栓按钮安装在消火栓箱内，通常和消火栓一起使用。按下消火栓按钮一则把火灾信号送到消防控制室，并同时直接启动消火栓泵，其水泵运行信号同时反映在消火栓按钮上。

图 96 消火栓按钮

第三章

装修工程质量评价及验收

六、装修工程水电安装质量评价

118. 水电安装工程的施工质量评价方法有哪些？

水电安装工程施工质量的评价主要有以下四种方法。

（1）性能检测检查评价方法。

（2）质量记录检查评价方法。

（3）尺寸偏差及限值实测评价方法。

（4）观感质量检查评价方法。

119. 建筑给排水及采暖工程性能检测应检查哪些项目？

性能检测应检查的项目包括以下几种。

（1）生活给水系统管道交用前水质检测。

（2）承压管道、设备系统水压试验。

（3）非承压管道和设备灌水试验及排水干管管道通球、通水试验。

（4）消火栓系统试射试验。

（5）采暖系统调试、试运行，安全阀、报警装置联动系统测试。

120. 装修工程给排水安装的性能检测应检查哪些项目？

家装给排水安装工程一般应做如下性能检测检查项目。

（1）给水管道水压试验。

（2）排水管道通水试验。

（3）采暖系统调试、试运行测试。

对大型工装给排水安装工程应根据所安装内容进行全部或部分性能检测项目检查。

121. 建筑给排水及采暖工程质量记录应检查哪些项目?

（1）材料合格证及进场验收记录

① 材料及配件出厂合格证及进场验收记录。

② 器具及设备出厂合格证及进场验收记录。

（2）施工记录

① 主要管道施工及管道穿墙、穿楼板套管安装施工记录。

② 补偿器预拉伸记录。

③ 给水管道冲洗、消毒记录。

④ 隐蔽工程验收记录。

⑤ 检验批、分项、分部（子分部）工程质量验收记录。

（3）施工记录

① 阀门安装前强度和严密性试验。

② 给水系统卫生器具交付使用前通水、满水试验。

③ 水泵安装试运转。

122. 装修工程给排水安装的质量记录应检查哪些项目?

家装给排水安装工程一般应做如下质量记录检查项目。

（1）材料及配件出厂合格证及进场验收记录。

（2）给水管道冲洗记录。

（3）隐蔽工程验收记录。

（4）检验批、分项、分部工程质量验收记录。

（5）给水系统及卫生器具交付使用前的通水、满水试验记录。

对大型工装给排水安装工程应根据所安装内容进行全部或部分质量记录项目检查。

123. 建筑给排水及采暖工程尺寸偏差及限值实测应检查哪些项目?

（1）管道坡度

按设计要求或按下列规定检查。

① 生活污水排水管道坡度：铸铁排水管为5‰～35‰，塑料排水管为4‰～25‰；

② 给水管道坡度为2‰～5‰；

③ 采暖管道坡度：气（汽）水同向流动为2‰～3‰，气（汽）水逆向流动为5‰；

④ 散热器支管的坡度为1%，坡向利于排气或泄水方向。

（2）箱式消火栓安装：按设计安装高度允许距地偏差±20mm，垂直度±3mm。

（3）卫生器具按设计安装高度安装允许偏差±15mm；淋浴器喷头下沿高度允许偏差±15mm。

124. 装修工程给排水安装尺寸偏差及限值实测应检查哪些项目?

家装给排水安装工程尺寸偏差及限值实测应检查如下项目。

（1）排水管坡度。

（2）采暖管道坡度。

（3）散热器支管的坡度。

（4）卫生器具安装高度。

对大型工装给排水安装工程应根据所安装内容进行全部或部分尺寸偏差及限值实测项目检查。

125. 建筑给排水及采暖工程观感质量应检查哪些项目?

建筑给排水及采暖工程观感质量应检查如下项目。

（1）管道及支架安装。

（2）卫生器具及给水配件安装。

（3）设备及配件安装。

（4）管道、支架及设备的防腐及保温。

（5）有排水要求的设备机房，房间地面的排水口及地漏。

126. 装修工程给排水安装观感质量应检查哪些项目?

家装给排水安装工程观感质量应检查如下项目。

（1）管道及支架安装。

（2）卫生器具及给水配件安装。

（3）管道、支架及设备的防腐及保温。

对大型工装给排水安装工程应根据所安装内容进行全部或部分观感质量项目检查。

127. 建筑电气安装工程性能检测应检查哪些项目?

建筑电气安装工程性能检测应检查如下项目。

（1）接地装置、防雷装置的接地电阻测试。

（2）照明全负荷试验。

（3）大型灯具固定及悬吊装置过载测试。

128. 装修电气安装工程性能检测应检查哪些项目?

家装工程电气安装工程性能检测应检查如下项目。

（1）照明全负荷试验。

（2）大型灯具固定及悬吊装置过载测试。

大型工装电气安装工程应根据所安装内容进行全部或部分性能检测项目检查。

129. 建筑电气安装工程质量记录应检查哪些项目?

建筑电气安装工程质量记录应检查如下项目。

（1）材料、设备出厂合格证及进场验收记录

① 材料及元件出厂合格证及进场验收记录。

② 设备及器具出厂合格证及进场验收记录。

（2）施工记录

① 电气装置安装施工记录。

② 隐蔽工程验收记录。

③ 检验批、分项、分部（子分部）工程质量验收记录。

（3）施工试验

① 导线、设备、元件、器具绝缘电阻测试记录。

② 电气装置空载和负荷运行试验记录。

130. 装修电气安装工程质量记录应检查哪些项目?

家装电气安装工程质量记录应检查如下项目。

（1）材料及元件出厂合格证及进场验收记录。

（2）设备及器具出厂合格证及进场验收记录。

（3）隐蔽工程验收记录。

（4）检验批、分项、分部工程质量验收记录。

（5）导线绝缘电阻测试记录。

大型工装电气安装工程应根据所安装内容进行全部或部分质量记录项目检查。

131. 建筑电气安装工程尺寸偏差及限值实测应检查哪些项目?

建筑电气安装工程尺寸偏差及限值实测应检查如下项目。

（1）柜、屏、台、箱、盘安装垂直度：允许偏差 1.5‰。

（2）同一场所成排灯具中心线偏差：允许偏差 5mm。

（3）同一场所同一墙面，开关、插座高度差：允许偏差 5mm。

132. 装修电气安装工程尺寸偏差及限值实测应检查哪些项目？

建筑电气安装工程尺寸偏差及限值实测应检查如下项目。

（1）配电箱安装垂直度：允许偏差 1.5‰。

（2）成排灯具中心线偏差：允许偏差 5mm。

（3）同一房间内开关、插座高度差：允许偏差 5mm。

大型工装电气安装工程应根据所安装内容进行全部或部分尺寸偏差及限值实测项目检查。

133. 建筑电气安装工程观感质量应检查哪些项目？

建筑电气安装工程观感质量应检查如下项目。

（1）电线管（槽）、桥架、母线槽及其支吊架安装。

（2）导线及电缆敷设（含色标）。

（3）接地、接零、跨接、防雷装置。

（4）开关、插座安装及接线。

（5）灯具及其他用电器具安装及接线。

（6）配电箱、柜安装及接线。

134. 装修电气安装工程观感质量应检查哪些项目？

家装电气安装工程观感质量应检查如下项目。

（1）明装电线管（槽）安装。

（2）开关、插座安装及接线。

（3）灯具及其他用电器具安装及接线。

（4）配电箱安装及接线。

大型工装电气安装工程应根据所安装内容进行全部或部分观感质量项目检查。

七、装修工程水电安装质量验收

135. 建筑工程质量验收是怎样划分的？

建筑工程施工质量验收应划分为单位工程、分部工程、分项工程和检验批。

136. 装修工程的水电安装质量验收应怎样划分？

将整个装修工程作为一个单位工程，并按《建筑工程施工质量验收统一标准》（GB 50300—2013）附录B的要求，将给排水安装作为一个分部工程，电气安装作为另一个分部工程来进行质量验收。

137. 装修工程水电安装的分项工程如何划分？

按《建筑工程施工质量验收统一标准》（GB 50300—

2013）附录 B 的要求进行划分，并按所做子分部工程中分项工程的内容进行质量验收。

138. 装修工程水电安装检验批如何划分？

装修工程水电安装检验批可根据施工、质量控制和专业验收的需要，按工程量、楼层、施工段进行划分。

139. 检验批质量验收记录表表头应如何正确填写？

检验批质量验收记录表如表 12 所示（室内给水管道及配件安装工程检验批质量验收记录表），表头右上角前面统一用 8 位数的数码编号，前 6 位数字均印在表上，后留两个“□”，用来在检查验收时填写检验批的顺序号。其编号规则如下。

前边两个数字是分部工程的代码，从 01～10。地基与基础为 01，主体结构为 02，建筑装饰装修为 03，建筑屋面为 04，建筑给水排水及采暖为 05，通风与空调为 06，建筑电气为 07，智能建筑为 08，建筑节能为 09，电梯为 10。表中 05 代表建筑给水排水及采暖工程分部。

第 3、4 位数字是子分部工程的代码，从 01～14，表中 01 代表第一个子分部工程即“室内给水系统”。

第 5、6 位数字是分项工程的代码，从 01～08，表中 01 代表第一个分项工程。因此“050101□□”总的意思可表达

表 12　室内给水管道及配件安装工程检验批质量验收记录表

（GB 50242—2002）

050101□□

单位（子单位）工程名称					
分部（子分部）工程名称			验收部位		
施工单位				项目经理	
分包单位				分包项目经理	
施工执行标准名称及编号					
施工质量验收规范规定				施工单位检查评定记录	监理（建设）单位验收记录
主控项目	1	给水管道 水压试验	设计要求		
	2	给水系统 通水试验	第 4.2.2 条		
	3	生活给水系统管 冲洗和消毒	第 4.2.3 条		
	4	直埋金属给水管道 防腐	第 4.2.4 条		
一般项目	1	给排水管铺设的平行、垂直净距	第 4.2.5 条		
	2	金属给水管道及管件焊接	第 4.2.6 条		
	3	给水水平管道 坡向坡度	第 4.2.7 条		
	4	管道支、吊架	第 4.2.9 条		
	5	水表安装	第 4.2.10 条		

续表

施工质量验收规范规定						施工单位检查评定记录						监理(建设)单位验收记录
一般项目	6	水平管道纵、横方向弯曲允许偏差	钢管	每 m	1mm							
				全长 25m 以上	不大于 25mm							
			塑料管复合管	每 m	1.5mm							
				全长 25m 以上	不大于 25mm							
			铸铁管	每 m	2mm							
				全长 25m 以上	不大于 25mm							
		立管垂直度允许偏差	钢管	每 m	3mm							
				5m 以上	不大于 8mm							
			塑料管复合管	每 m	2mm							
				5m 以上	不大于 8mm							
			铸铁管	每 m	3mm							
				5m 以上	不大于 10mm							
		成排管段和成排阀门		在同一平面上的间距	3mm							

施工单位检查评定结果	专业工长(施工员)		施工班组长	
	项目专业质量检查员： 年 月 日			
监理(建设)单位验收结论	专业监理工程师： (建设单位项目专业技术负责人) 年 月 日			

为第5分部工程中第一个子分部中的第一个分项工程的检验批质量验收记录表，第7、8位所留的两个"□"，是分项工程检验批验收的顺序号。由于在大体量高层或超高层建筑中，同一个分项工程会有很多检验批验收的数量，故留了2位数的空位置。

单位（子单位）工程名称，按合同文件上的单位工程名称填写。分部（子分部）名称，按《建筑给水排水及采暖工程施工质量验收规范》（GB 50242—2002）划定的分部（子分部）名称填写。验收部位是指一个分项工程中验收的那个检验批的抽样范围，要标注清楚，如二层（1）～（5）轴卫生间。

施工执行标准名称及编号，有企业施工标准的填企业标准，无企业标准的填写国家质量验收标准。

140. 什么是主控项目?

主控项目是保证工程安全和使用功能的重要检验项目，是对安全、卫生、环境保护和公众利益起决定性作用的检验项目，是确定该检验批主要性能的检验项目。《建筑给水排水及采暖工程施工质量验收规范》（GB 50242—2002）规定主控项目必须全部合格，如果达不到规定的质量指标，降低要求就相当于降低该工程项目的性能指标，就会严重影响工程的安全性能。

主控项目的内容主要有以下几个方面：

（1）重要材料、构配件、成品及半成品，设备性能及附件的材质、技术性能等。检查出厂证明及其技术数据，项目符合有关技术标准规定。

（2）结构的强度、刚度和稳定性等检验数据，工程性能的检测。如管道的压力试验，电气的绝缘、接地测试等。检查测试记录，其数据及其项目要符合设计要求和验收规范规定。

（3）一些重要的允许偏差项目，必须控制在允许偏差限值之内。

141. 什么是一般项目?

一般项目主要是除主控项目以外的检验项目，《建筑给水排水及采暖工程施工质量验收规范》（GB 50242—2002）规定也是应该达到的，只不过对不影响工程安全和使用功能的少数条文可以适当放宽一些。其内容主要有以下几个方面。

（1）允许有一定偏差的项目放在一般项目中。用数据规定的标准，可以有个别误差范围，最多不超过20%的检查点可以超过允许偏差值，但也不能超过允许偏差值的150%。

（2）对不能确定偏差值而又允许出现一定缺陷的项目，以缺陷的数量来区分。

（3）对一些无法定量而采用定性的项目，例如卫生器具给水件安装项目要求：接口严密，启闭部分灵活；管道丝接项目，无外露油麻等。这些要靠专职质检员和监理工程师来掌握。

142. 如何进行装修工程水电安装检验批质量验收?

检验批质量验收合格应符合下列规定。

(1) 主控项目的质量经抽样检验均应合格。

(2) 一般项目的质量经抽样检验合格。当采用计数抽样时，合格点率应符合有关专业验收规范的规定，且不得存在严重缺陷。

(3) 具有完整的施工操作依据、质量验收记录。

检验批应由专业监理工程师组织施工单位项目专业质量检查员、专业工长等进行验收。

143. 如何进行装修工程水电安装分项工程的质量验收?

分项工程质量验收合格应符合下列规定。

(1) 所含检验批的质量均应验收合格。

(2) 所含检验批的质量验收记录应完整。

分项工程应由专业监理工程师组织施工单位项目专业技术负责人等进行验收。

144. 如何进行装修工程水电安装分部工程的质量验收?

分部工程质量验收合格应符合下列规定。

（1）所含分项工程的质量均应验收合格。

（2）质量控制资料应完整。

（3）有关安全、节能、环境保护和主要使用功能的抽样检验结果应符合相应规定。

（4）观感质量应符合要求。

分部工程应由总监理工程师组织施工单位项目负责人和项目技术负责人等进行验收。

145. 装修工程的单位工程如何进行质量验收?

当给排水分部、电气分部及装修工程的其他分部均已验收合格后，可进行整个装修工程的单位工程质量验收。单位工程质量验收合格应符合下列规定。

（1）所含分部工程的质量验收均应验收合格。

（2）质量控制资料应完整。

（3）所含分部工程中有关安全、节能、环境保护和主要使用功能的检验资料应完整。

（4）主要使用功能的抽查结果应符合相关专业验收规范的规定。

（5）观感质量应符合要求。

只有当单位工程质量验收合格后方可交付用户使用。

参考文献

［1］ 建筑给水排水及采暖工程施工质量验收规范．GB 50242—2002．北京：中国建筑工业出版社，2002.

［2］ 建筑电气工程施工质量验收规范．GB 50303—2002．北京：中国计划出版社，2002.

［3］ 火灾自动报警系统施工及验收规范．GB 50166—2007．北京：中国计划出版社，2007.

［4］ 自动喷水灭火系统施工及验收规范．GB 50261—2005．北京：中国计划出版社，2005.

［5］ 建筑设计防火规范．GB 50016—2006．北京：中国计划出版社，2006.

［6］ 民用建筑电气设计规范．JGJ 16—2008．北京：中国建筑工业出版社，2008.

［7］ 建筑照明设计标准．GB 50034—2004．北京：中国建筑工业出版社，2004.

［8］ 自动喷水灭火系统设计规范．GB 50084—2001．北京：中国计划出版社，2005.

［9］ 消防给水及消火栓系统技术规范．GB 50974—2014．北京：中国计划出版社，2014.

［10］ 建筑工程施工质量验收统一标准．GB 50300—2013．北京：中国建筑工业出版社，2013.

［11］ 建筑装饰装修工程质量验收规范．GB 50210—2001．北京：中国建筑工业出版社，2001.

［12］ 张乃煜，陈星照主编．新编实用建筑电气安装速查手册．福州：福建科学技术出版社，2008.

［13］ 闫和平主编．常用低压电器与电气控制技术问答．北京：机械工业出版社，2006.

［14］ 张金和主编．建筑设备安装中的常见错误及预防措施．北京：机械工业出版社，2005.

［15］ 建筑工程施工质量验收统一标准．GB 50300—2013．北京：中国建筑工业出版社，2013.